Wissenschaftliche Reihe Fahrzeugtechnik Universität Stuttgart

Herausgegeben von
M. Bargende, Stuttgart, Deutschland
H.-C. Reuss, Stuttgart, Deutschland
J. Wiedemann, Stuttgart, Deutschland

Das Institut für Verbrennungsmotoren und Kraftfahrwesen (IVK) an der Universität Stuttgart erforscht, entwickelt, appliziert und erprobt, in enger Zusammenarbeit mit der Industrie, Elemente bzw. Technologien aus dem Bereich moderner Fahrzeugkonzepte. Das Institut gliedert sich in die drei Bereiche Kraftfahrwesen, Fahrzeugantriebe und Kraftfahrzeug-Mechatronik. Aufgabe dieser Bereiche ist die Ausarbeitung des Themengebietes im Prüfstandsbetrieb, in Theorie und Simulation. Schwerpunkte des Kraftfahrwesens sind hierbei die Aerodynamik, Akustik (NVH), Fahrdynamik und Fahrermodellierung, Leichtbau, Sicherheit, Kraftübertragung sowie Energie und Thermomanagement – auch in Verbindung mit hybriden und batterieelektrischen Fahrzeugkonzepten.

Der Bereich Fahrzeugantriebe widmet sich den Themen Brennverfahrensentwicklung einschließlich Regelungs- und Steuerungskonzeptionen bei zugleich minimierten Emissionen, komplexe Abgasnachbehandlung, Aufladesysteme und -strategien, Hybridsysteme und Betriebsstrategien sowie mechanisch-akustischen Fragestellungen.

Themen der Kraftfahrzeug-Mechatronik sind die Antriebsstrangregelung/Hybride, Elektromobilität, Bordnetz und Energiemanagement, Funktions- und Softwareentwicklung sowie Test und Diagnose.

Die Erfüllung dieser Aufgaben wird prüfstandsseitig neben vielem anderen unterstützt durch 19 Motorenprüfstände, zwei Rollenprüfstände, einen 1:1-Fahrsimulator, einen Antriebsstrangprüfstand, einen Thermowindkanal sowie einen 1:1-Aeroakustikwindkanal.

Die wissenschaftliche Reihe „Fahrzeugtechnik Universität Stuttgart" präsentiert über die am Institut entstandenen Promotionen die hervorragenden Arbeitsergebnisse der Forschungstätigkeiten am IVK.

Herausgegeben von

Prof. Dr.-Ing. Michael Bargende
Lehrstuhl Fahrzeugantriebe,
Institut für Verbrennungsmotoren und
Kraftfahrwesen, Universität Stuttgart
Stuttgart, Deutschland

Prof. Dr.-Ing. Jochen Wiedemann
Lehrstuhl Kraftfahrwesen,
Institut für Verbrennungsmotoren und
Kraftfahrwesen, Universität Stuttgart
Stuttgart, Deutschland

Prof. Dr.-Ing. Hans-Christian Reuss
Lehrstuhl Kraftfahrzeugmechatronik,
Institut für Verbrennungsmotoren und
Kraftfahrwesen, Universität Stuttgart
Stuttgart, Deutschland

Markus Auer

Ein Beitrag zur Erhöhung der Reichweite eines batterieelektrischen Fahrzeugs durch prädiktives Thermomanagement

Springer Vieweg

Markus Auer
Stuttgart, Deutschland

Zugl.: Dissertation Universität Stuttgart, 2015

D93

Wissenschaftliche Reihe Fahrzeugtechnik Universität Stuttgart
ISBN 978-3-658-13208-8   ISBN 978-3-658-13209-5 (eBook)
DOI 10.1007/978-3-658-13209-5

Die Deutsche Nationalbibliothek verzeichnet diese Publikation in der Deutschen National-
bibliografie; detaillierte bibliografische Daten sind im Internet über http://dnb.d-nb.de abrufbar.

Springer Vieweg
© Springer Fachmedien Wiesbaden 2016

Gedruckt auf säurefreiem und chlorfrei gebleichtem Papier

Springer Vieweg ist Teil von Springer Nature
Die eingetragene Gesellschaft ist Springer Fachmedien Wiesbaden GmbH

Vorwort

Die vorliegende Arbeit entstand während meiner Tätigkeit als wissenschaftlicher Mitarbeiter am Institut für Verbrennungsmotoren und Kraftfahrwesen (IVK) der Universität Stuttgart. Als Grundlage dienten ein aus Mitteln der Landesstiftung Baden-Württemberg gefördertes Projekt sowie ein Projekt, das von der Forschungs-vereinigung Verbrennungskraftmaschinen e.V. gefördert wurde. Dem Obmann des FVV Projekts Dr.-Ing. Ernst Peter Weidmann möchte ich für die Unterstützung und die interessanten Diskussionen danken.

Ganz besonders möchte ich Herrn Prof. Dr.-Ing. Jochen Wiedemann für die Übernahme des Erstberichts und für den allzeit anregenden und motivierenden Gedankenaustausch danken.

Frau Prof. Dr.-Ing. Nejila Parspour möchte ich für den Mitbericht der vorliegenden Arbeit danken.

Dr.-Ing. Timo Kuthada und Dipl.-Ing. Nils Widdecke danke ich herzlichst für die fruchtbaren Meinungsaustausch und die sehr gute Zusammenarbeit während meiner Zeit am IVK. Darüber hinaus möchte ich mich bei meinem Lektor Martin Romer für die gute Zusammenarbeit danken.

Abschließend gilt mein Dank allen Kollegen des IVK und des FKFS, die mich während dieser Arbeit unterstützt haben und jederzeit für interessante Diskussionen bereit waren. Ein besonderer Dank gilt dem Hilfswissenschaftler Joachim Zanker für seine wertvolle Unterstützung.

Markus Auer

Inhaltsverzeichnis

Abbildungsverzeichnis

Tabellenverzeichnis

Abkürzungsverzeichnis

3D	Dreidimensional
AC	Klimaanlage (engl.: Air Conditioning)
ACC	Abstandsregeltempomat (engl.: Adaptive Cruise Control)
ASM	Asynchronmaschine
AWT	Außenwärmetauscher
BEF	Batterieelektrisches Fahrzeug
CADC	Common Arthemis Driving Cycle
EoL	Lebensende (engl.: End of Life)
FAT	Forschungsvereinigung Automobiltechnik
FKFS	Forschungsinstitut für Kraftfahrwesen und Fahrzeugmotoren Stuttgart
GPS	Global Positioning System
HT	Hochtemperatur
IGBT	Insulated Gate Bipolar Transistor
IRH	Innenraumheizer
IVK	Institut für Verbrennungsmotoren und Kraftfahrwesen der Universität Stuttgart
Kond	Kondensator
Lcond	Flüssigkeitsgekühlter Kondensator
MKP	Mulikonfigurationsprüfstand
MOSFET	Metal Oxide Semiconductor Field Effect Transistor
NEFZ	Neuer Europäischer Fahrzyklus
NREL	National Renewable Energy Laboratory

NT	Niedertemperatur
NYCC	New York City Cycle
OCV	Leerlaufspannung (engl.: Open Circuit Voltage)
PID	Proportional, integral, differentiell wirkend
ppm	Parts per Million
PSM	Permanent erregte Synchronmaschine
PTC	Widerstandsheizer (engl.: Positive Temperature Coefficient)
R	Batteriemodell mit Innenwiderstand
RDS	Radiodatensystem (engl.: Radio Data System)
r. F.	relative Feuchte
RRC	Batteriemodell mit Innenwiderstand und einem Zeitglied
R2RC	Batteriemodell mit Innenwiderstand und zwei Zeitgliedern
R3RC	Batteriemodell mit Innenwiderstand und drei Zeitgliedern
SM	Synchronmaschine
SoC	Ladezustand (engl.: State of Charge)
TMC	Über Radiosender ausgestrahlte Staumeldungen (engl.: Traffic Message Channel)
Verd	Verdampfer
Vgl.	Vergleiche
WP	Wärmepumpe

A	m²	Fläche
A_x	m²	Stirnfläche
b_s	kWh/100 km	Streckenverbrauch
C	F	Kapazität des Kondensators
C_{batt}	kWh	Kapazität der Batterie
c_p	J/kgK	Spezifische isobare Wärmekapazität
c_W		Luftwiderstandsbeiwert
$\Delta C_{zyklisch}$		Zyklische Kapazitätsänderung der Batterie
d_m	m	Teilkreisdurchmesser des Lagers
e		Massenfaktor
E_A	J/kg	Aktivierungsenergie
Δf		absoluter Fehler als Ergebnis der Fehlerfortpflanzung
$f(\xi)$		Funktion f von ξ, die bei der Kreuzkorrelation geprüft wird
f_0		Lagerparameter
f_R		Rollwiderstandsbeiwert
g	m/s²	Erdbeschleunigung
$g(t + \xi)$		Funktion g von t plus ξ, die bei der Kreuzkorrelation geprüft wird
$h(t)$		Ergebnisfunktion der Kreuzkorrelation
I	A	Strom
k	W/m²K	Wärmedurchgangskoeffizient
M	Nm	Drehmoment
M_0	Nm	Lastunabhängiges Reibmoment
M_1	Nm	Lastabhängiges Reibmoment nach Palgrem
m	kg	Masse

$N_{Geschwindigkeit}$		Geschwindigkeits-Kennzahl
Nu		Nusseltzahl
n	min^{-1}	Drehzahl
n_{cyc}		Anzahl von alterungsrelevanten Zyklen
P	W	Leistung
P_a	W	Beschleunigungsleistung
P_e	W	Effektive Motorleistung
P_{LW}	W	Luftwiderstandsleistung
P_R	W	Rollwiderstandsleistung
P_S	W	Schlupfleistung
P_{St}	W	Steigleistung
P_{VT}	W	Triebstrangsverlustleistung
$\dot{Q}$	W	Wärmestrom
$\mathcal{R}$	J/kgK	Gaskonstante
R	Ω	Widerstand
R_c	Ω	Widerstand des Zeitglieds
R_i	Ω	Innenwiderstand
r_{ac}	Ω	Wechselstromwiderstand bei Erregung mit 1000 Hz
r'_{ac}	Ω	Wechselstromwiderstand bestimmt aus Sprungantwort
r_{dc}	Ω	Ohmscher Widerstand
Re		Reynoldszahl
s	km	Strecke
T	°C	Temperatur
U	V	Spannung
V	m³	Volumen

$\dot{V}$	m³/s	Volumenstrom
v	m/s	Geschwindigkeit
$\bar{v}$	m/s	mittlere Geschwindigkeit
x		Messwert
y		Funktion
α	W/m²K	Wärmeübertragungskoeffizient
α		Faktor für mittlere quadratische Geschwindigkeit
β		Faktor für mittlere kubische Geschwindigkeit
Δ		Differenz
η		Wirkungsgrad
η	Ns/m²	dynamische Viskosität
ϑ	K	Absolute Temperatur
v	m²/s	kinematische Viskosität
ρ	kg/m³	Dichte
ξ	s	Parameter, der bei der Kreuzkorrelation die Zeit t ersetzt
τ	s	Zeitkonstante
ω	s⁻¹	Kreisfrequenz
I		mittlerer Zustand im Innenraum
$Abluft$		Abluft
AC		Wechselstrom
amb		Umgebung
aus		Austrittszustand
$Durchschnitt$		durchschnittlich

$Batt$	Batterie
c	Kondensator (elektrisch)
DC	Gleichstrom
eff	effektiv
ein	Eintrittszustand
$Überschuss$	Überschuss
$gefahren$	gefahren
$heizen$	Heizen
$Inverter$	Inverter
i	Laufindex
i	innen
$Kern$	Kern
$Klima$	Klimatisierung
$kühlen$	Kühlen
L	Luft
LW	Luftwiderstand
max, n	maximal, abhängig von Drehzahl
M	Motor
$Mech$	Mechanisch
$Motor$	Motor
$oben$	Obere Grenze der Hysterese
OCV	Leerlaufspannung (engl.: Open Circuit Voltage)
$optimal$	optimal
$Reichweite, max$	bei maximaler Reichweite
S	Strecke
$sensibel$	sensibel

Sicherheit	Sicherheit
soll	Sollzustand
Sonneneinstrahlung	Sonneneinstrahlung
start	Startzustand
stat	stationär
Übergang	Übergang
unten	Untere Grenze der Hysterese
v	Geschwindigkeit
Ziel	Ziel
zu	zugeführt

Zusammenfassung

Der Antriebsstrang des Kraftfahrzeugs wurde in den letzten Jahren stärker elektrifiziert. Neben der Möglichkeit kinetische Energie rekuperieren zu können, kann dadurch ein lokal emissionsfreies Fahren ermöglicht werden. Darüber hinaus kann bei Fahrzeugen, die über das Stromnetz geladen werden können umweltfreundlicher Ökostrom für den Individualverkehr genutzt werden. In Abhängigkeit des Elektrifizierungsgrads des Kraftfahrzeugs sind die Auswirkungen auf den Verbrauch fossiler Energieträger unterschiedlich groß. Die vorliegende Arbeit beschäftigt sich mit dem Thermo- und Energiemanagement. Dabei wird insbesondere auf das prädiktive Thermomanagement beim batterieelektrischen Fahrzeug zur Senkung des Energiebedarfs eingegangen.

Ausgehend von einer kurzen Zusammenfassung der Entstehungsgeschichte des batterieelektrischen Fahrzeugs (BEF) wird der Aufbau eines BEFs erläutert und die entscheidenden Komponenten mit ihren Anforderungen bezüglich des Thermomanagements beschrieben. Wichtiger Bestandteil ist hier die Modellierung der Batterie auf Zellebene. Dabei werden die unterschiedlichen Modellierungsansätze in ihren unterschiedlichen Ausprägungsformen beleuchtet und die jeweilige Eignung für die Systemsimulation eines BEFs bewertet. Für die Erschließung weiterer Potenziale zur Reduktion des Energiebedarfs wird das Thermo- und Energiemanagement bei konventionellen und hybridisierten Fahrzeugen mit der Möglichkeit zur Vorausschau künftiger Lastzustände versehen. Um das prädiktive Thermo- und Energiemanagement auch für das BEF nutzen zu können, werden die vorausschauenden Ansätze, die bereits Stand der Technik sind, dargestellt. Im Anschluss daran wird die Modellierung des Gesamtfahrzeugs sowie der Validierung der neu eingeführten Teilmodelle behandelt. Zunächst werden das untersuchte Fahrzeug, die verschiedenen Konfigurationen des Fahrzeugs sowie die definierten Lastfälle beschrieben. Die für die Modellierung des BEFs erforderlichen Teilmodelle werden vorgestellt, insbesondere das eigens entwickelte Batteriemodell. Im Gegensatz zu anderen veröffentlichten Modellen ist hier beim Batteriemodell eine Abhängigkeit der elektrischen Parameter von Ladezustand, Temperatur, Stromstärke sowie -richtung vorgesehen. Darüber hinaus wird die Spannungsquelle in Abhängigkeit von Ladezustand, Temperatur sowie der Richtung des letzten Stromflusses abgebildet. Dadurch wird neben der ladezustands- und temperaturabhängigen Leerlaufspannung auch die Hysterese der Leerlaufspannung modelliert. Zur Abbildung der reduzierten verfügbaren Kapazität bei hohen Strömen (Rate-Capacity-Effekt) und des Effekts der limitierten Entladekapazität bei niedrigen Temperaturen ist die aus der Batterie entnehmbare Kapazität in Abhängigkeit von Strom und Temperatur begrenzt.

Für die Verbesserung der Beschreibung des Ladevorgangs ist das Modell um ein Modul erweitert, das für diesen Fall die Vorhersage verbessert. Darüber hinaus besitzt das Batteriemodell ein Modul, das in Abhängigkeit des momentanen Zustands die maximale Lade- und Entladeleistung sowie die zu erwartende Entladekapazität angibt.

Die Modelle für Leistungselektronik und Motor bilden ab, wie sich die Wirkungsgrade der untersuchten Maschine und Leistungselektronik in Abhängigkeit des Betriebspunkts verhalten. Insbesondere wird darauf eingegangen, wie der bei der Maschine identifizierte betriebspunktabhängige Verlauf des Wirkungsgrades über der Temperatur erklärt werden kann. Für die Arbeit sind weitere Module erforderlich, die einige der Optimierungen erst ermöglichen. Eine der Erweiterungen wird für eine abgestimmte Kühlmittelpumpen- und Lüfterregelung benötigt. Es wird ein Modul vorgestellt, das bestimmen kann, ob eine höhere oder niedrigere Motortemperatur für den gewünschten Zyklus bezüglich des Wirkungsgrades besser ist. Darüber hinaus wird die implementierte Streckenerkennung und Verbrauchsschätzung beschrieben, die eine Voraussetzung für die sich anschließende Reichweitenregelung darstellen. Dabei kann das Fahrzeug über die Nutzung der verschiedenen Verbraucher selbst bestimmen, um es dem Fahrer zu ermöglichen, die gewünschte Strecke auch zurückzulegen.

Basis für das prädiktive Wärmemanagement ist ein sehr schnell rechnendes, vereinfachtes Modell des Gesamtfahrzeugs. Dieses Modell wird vorgestellt und validiert. Für die Validierung der Simulationsmodelle werden zunächst die Messumgebung, die Messtechnik sowie die Aufbauten beschrieben. Es wird die Validierung der Modelle der Wärmepumpe im Klima- (AC) und Wärmepumpenmodus (WP), des Motors, der Leistungselektronik, der Batterie sowie des Fahrzeuginnenraums dargestellt.

Für die Bewertung der Ergebnisse des BEFs ist es von Interesse, ob der Energiebedarf infolge der Klimatisierung des Fahrzeuginnenraums oder des Antriebs die Reichweite stärker beeinflusst. Diese Frage wird mit einer eigens entwickelten Geschwindigkeits-Kennzahl geklärt, die die momentane Durchschnittsgeschwindigkeit im Vergleich zur optimalen Durchschnittsgeschwindigkeit darstellt. Diese Größe kann für die Beeinflussung des Fahrers im Instrumententräger dargestellt oder für die Regelung von Nebenverbrauchern genutzt werden.

Nachdem die nötigen Vorarbeiten geleistet sind, wird das Thermomanagementsystem des BEFs mit verschiedenen Einzelmaßnahmen optimiert und deren Einfluss auf die Reichweite dargestellt. Diese Maßnahmen haben alle gemein, dass sie keine Vorausschauelemente aufweisen, d. h. es handelt sich um rein reaktive Maßnahmen und das Fahrzeug hat keine Informationen über die Strecke, die noch vor ihm liegt. Zunächst wird die Reichweite des Fahrzeugs für die definierten Lastfälle bestimmt. Darüber hinaus wird das theoretische Potenzial zur Steigerung der Reichweite bestimmt, das vorliegen würde, wenn der Antrieb der einzige Verbraucher wäre. Die sich anschließenden Einzeloptimierungen betreffen sowohl das Fahrzeug als auch den Fahrzeuginnenraum.

Zusammenfassend werden alle positiven Maßnahmen kombiniert und der erreichte Anteil des theoretisch vorhandenen Potenzials bestimmt. Hier konnten ca. 20% des theoretisch möglichen Potenzials erreicht werden. Beim BEF lässt sich im alltäglichen Betrieb der Energiebedarf für das Befahren einer gewissen Strecke reduzieren, wenn das Fahrzeug entsprechend vorkonditioniert wird. Die Darstellung der Potenziale einer vorkonditionierten Batterie und eines vorkonditionierten Innenraums leiten zum vorausschauenden Thermomanagement über. Durch die Vorkonditionierung der Kabine konnte für eine Umgebungstemperatur von -18°C eine Energiebedarfsreduktion von 11% nachgewiesen werden. Die Möglichkeiten, den Energiebedarf mit der Hilfe von Thermomanagement beim BEF zu senken, beschränken sich im Wesentlichen auf die Vorkonditionierung der Komponenten, die Absenkung des Energiebedarfs zur Klimatisierung sowie die Abwärmenutzung im Antriebsstrang. Es wird in der Arbeit gezeigt, dass Informationen über die zukünftige Fahraufgabe erforderlich sind, um das System bezüglich seines Startzustandes optimal einzustellen. Dies wird im Rahmen des prädiktiven Thermomanagements untersucht. Zunächst wird untersucht, welche Optimierungspotenziale erreichbar sind, falls vollständig bekannt ist, welche Fahraufgabe dem Fahrzeug gestellt wird. Dabei wird vorausgesetzt, dass das Fahrzeug eine genügend lange Zeit zur Verfügung hat, um sich auf diese Aufgabe einzustellen. Dies entspricht dem Fall, dass der Fahrer am Vorabend beispielsweise die Fahrt zur Arbeitsstätte am nächsten Morgen vorgibt. Für die gewählten Randbedingungen können Energiebedarfssenkungen von bis zu 11% dargestellt werden.

Eine Erweiterung stellt das prädiktive Thermomanagement mit teilweise bekanntem Lastprofil dar. Hier wird durch den Fahrer keine Routenführung aktiviert, sodass das Fahrzeug auf andere Informationsquellen zurückgreift, um den zukünftigen Fahrtverlauf zu identifizieren. Es wird erläutert, welche Parameter vom Optimierer beeinflusst werden können und wie sich dies auf das System und dessen Energiebedarf auswirkt. Beim teilweise bekannten Lastprofil ist entscheidend, in welchen Abständen wie viel Vorausschau in die Zukunft möglich ist. Dazu wird zunächst in einer Sensitivitätsanalyse untersucht, welche Kombinationen der Parameter zielführend sind. Es wird identifiziert, welche Potenziale durch das prädiktive Thermomanagement dargestellt werden können. In vorliegendem Fall ergeben sich Einsparungen bis zu 9%, wobei der Durchschnitt bei 2,5% liegt.

Für den Fall, dass die vom Fahrer vorgegebene Fahrtstrecke unter den momentanen Bedingungen nicht erreichbar ist, kann im Navigationssystem die Route zur nächsten Ladesäule ausgegeben werden. Hier wird ein alternativer

Ansatz untersucht. Durch das Abschalten und Leistungsreduzieren der einzelnen Verbraucher wird der Streckenverbrauch reduziert und damit die Reichweite auf den erforderlichen Wert erhöht. Hier kann die Reichweite um 12,5% gesteigert werden, wobei dies nicht die Grenze des Systems darstellt.

Abstract

The electrification of a motor vehicle's drivetrain has been further increased in recent years. Besides being able to recover kinetic energy, it enables vehicles to be driven free of local emissions. In addition, vehicles which are charged via the mains can make use of environment-friendly green energy for private transport. Depending on the degree of electrification of the motor vehicle, the impact on the consumption of fossil fuels can vary. This work deals with thermal and energy management. It specifically addresses predictive thermal management in battery electric vehicles to reduce consumption.

Starting with a brief summary of the history of the battery electric vehicle (BEV) the layout of a BEV is explained and the crucial components with their requirements for thermal management are described. An important element here is the modelling of the battery on the level of a single cell. The different modeling approaches are highlighted in their various manifestations and their individual suitability for the system simulation of a BEV are evaluated. In order to investigate further potential of reducing consumption thermal and energy management of conventional and hybrid electric vehicles are provided with the possibility to forecast future loads. To be able to use predictive thermal and energy management for BEV, state of the art predictive approaches are shown. Subsequently, the modelling of the vehicle including the validation of the newly implemented models is dealt with. First, the vehicle being examined, the different configurations of the vehicle and the defined load cases are described. The models required for the modeling of the BEV are presented, in particular the specially developed battery model. In contrast to other published models the battery model being used here requires data such as state of charge, temperature, current and current direction to determine its electric parameters. In addition, the voltage source is modeled depending on state of charge, temperature and the direction of the last current flow. Thus the hysteresis of the open circuit voltage is modeled in addition to the state of charge and temperature dependent open circuit voltage. For the mapping of the reduced available capacity at high currents (rate capacity effect) and the effect of a limited discharge capacity at low temperatures the dischargeable battery capacity is limited depending on temperature and current. The modeling of the charge process is enhanced due to the addition of a module featured in this work. The battery model also includes a module which predicts the maximum charge and discharge power as well as the dischargeable capacity based on the current state.

The inverter and motor model depict the efficiencies of the tested inverter and motor according to the desired operating point. In particular, this work gives detail on the temperature dependency of motor efficiency. Additional modules are required in order to achieve some of the desired optimizations. One of the additions is essential for the coordinated coolant pump and fan control. A module which can determine the benefit of a higher or lower engine temperature, leading to an increased motor efficiency, is presented. Moreover, the implemented track recognition and consumption estimation are described, which are a prerequisite for the subsequent range control. In this case, the vehicle can determine which consumers within the vehicle can still be used to ensure that the driver can travel the desired distance.

Basis for predictive thermal management is a very fast computing, simplified model of the entire vehicle. This model is presented and validated. First, the measurement environment, the measuring technique and the setup are described for the validation of the simulation models. The validation of the models of the heat pump in cooling mode (AC) and heating mode (WP), the motor, the inverter, the battery and the vehicle cabin is shown.

For the evaluation of the results of the BEV it is of interest whether the consumption of cabin air conditioning or of the drive train has a stronger effect on range. This question is clarified with a specially developed speed ratio, which represents the current average velocity in comparison to the optimum average velocity. This quantity can be displayed in the instrument panel to assist the driver or be used for the control of secondary consumers.

After the necessary preparatory work is done, the thermal management system of the BEV is optimized with different individual measures. The effect of these measures on range is depicted. These measures are all characterized by the lack of any predictive elements. This means that the measures are purely reactive and that the vehicle does not have any information on the future path. First, the range of the vehicle for the defined load cases is determined. In addition, the theoretical potential is determined, which could be achieved if the drive train were the only consumer. The subsequent individual optimizations affect both the vehicle and the vehicle cabin.

In summary, all positive measures are combined and it is determined which portion of the theoretically available potential is achieved. Approximately 20% of the theoretically possible potential could be attained. The energy consumption of the BEV can be reduced for ordinary usage if the vehicle is preconditioned accordingly. The presentation of the potentials of a preconditioned battery and cabin leads to predictive thermal management. By preconditioning the cabin a consumption reduction of 11% could be achieved at an ambient temperature of - 18°C. The possibilities of reducing energy consumption of a BEV with the help of thermal management are essentially limited to the preconditioning of its components, lowering the energy requirements for air conditioning and waste heat recovery in the drive train. In this work it is shown that information on the future driving task is required to optimally adjust the system with respect to its initial state. This is examined in the context of predictive thermal management. Initially the potential which is achievable if the future driving task the vehicle has to perform is fully known is examined. It is assumed that the vehicle has a sufficient time span available to adapt to this task. This corresponds to the case in which the driver specifies the drive to work the following morning. For the chosen boundary conditions consumption savings of up to 11% could be realized.

A further possibility is predictive thermal management with partially known future vehicle speed. Here, no routing is enabled by the driver so that the vehicle relies on other sources of information to identify the future driving task. It is explained which parameters can be modified by the optimizer and how this influences the system and its energy consumption. The intervals in which information on the future driving task becomes available and how much information is provided are essential for predictive thermal management with partially known future vehicle speed. For this, first the combinations of the parameters are analyzed in order to deem which are effective. The potentials of predictive thermal management with partially known future vehicle speed are identified. In the present case savings of up to 9% arise, with the average being 2,5%.

In the event that the route selected by the driver is not feasible under the current conditions, the route guidance system can direct the vehicle to the next charging station. Here, an alternative approach is investigated. By switching off and limiting individual consumers the energy consumption is reduced, thus increasing the range to the required value. Here, the range can be increased by 12,5%, although this is not the limit of the system.

1 Einleitung und Ziel

Forschung und Entwicklung sehen sich durch die Flottenverbrauchvorgaben der EU und anderer Wirtschaftsräume vor die Aufgabe gestellt, die vorhandenen fossilen Energieträger effektiver einzusetzen. In den letzten Jahren hat sich ein Trend in Richtung der Elektrifizierung des Antriebsstrangs abgezeichnet. Dabei reicht die Bandbreite von Fahrzeugen mit vergrößerten Startermotoren, die in der Lage sind Bremsenergie zurück zu gewinnen, bis hin zu rein elektrisch angetriebenen Fahrzeugen.

Bei rein elektrisch angetriebenen Fahrzeugen ist die mitgeführte Energiemenge aufgrund der hohen Kosten für die Batteriezellen und der im Vergleich zu fossilen Kraftstoffen geringen Energiedichte limitiert. Beim Fahrzeug mit Verbrennungskraftmaschine wird das Heizen des Fahrzeuginnenraums durch die Abwärme des Motors erreicht. Aufgrund der deutlich höheren Wirkungsgrade von Elektromotor und Leistungselektronik können Heizfunktionen nicht rein aus Abwärme dargestellt werden. Deshalb muss für Komfortfunktionen auf die Energie der Antriebsbatterie zurückgegriffen werden. Darüber hinaus kann die Batterie nur in einem gewissen Temperaturfenster betrieben werden, was eine aktive Heizung und Kühlung erforderlich macht. Die dafür notwendige Energie muss auch der Batterie entnommen werden. Aufgrund dieser Tatsachen ist es nicht verwunderlich, dass die beim rein elektrischen Fahrzeug konzeptbedingte geringere Reichweite als beim konventionellen Fahrzeug bei heißen oder kalten Bedingungen weiter reduziert wird. Dieser Sachverhalt führt bei den Nutzern zur sogenannten Reichweitenangst, womit ausgedrückt wird, dass der Fahrer befürchtet, sein Ziel nicht zu erreichen.

Die häufig zitierten Probleme des batterieelektrischen Fahrzeugs, die geringe Reichweite und der starke Reichweiteneinbruch im Sommer und Winter, sind die Motivation für diese Arbeit. Das Ziel ist es, die Reichweite des Fahrzeugs zu erhöhen und den Effekt der Umgebungstemperatur abzumildern. Um quantifizieren zu können, wie groß der Einfluss der Klimatisierung und der Nebenverbraucher auf die Reichweite ist, soll ein geeigneter Kennwert hergeleitet werden. Dieser Kennwert soll ausdrücken, ob der Antrieb oder die Nebenverbraucher dominant auf die Reichweite wirken. Im Rahmen dieser Arbeit wird dem Problem der geringen Reichweite auf mehreren Ebenen entgegengewirkt. Zunächst werden Thermomanagementmaßnahmen untersucht, die durch Optimierung des Thermomanagementsystems den Energieaufwand zur Klimatisierung des Innenraums sowie zur erforderlichen Heizung und Kühlung der Antriebskomponenten reduzieren. Darauf aufbauend wird das Potenzial der Vorkonditionierung bezüglich der Erhöhung der Reichweite untersucht. Da nicht alle Potenziale durch ein ausschließlich reaktives Thermomanagementsystem erschlossen werden können, wird das Thermomanagementsystem um eine vorausschauende Komponente erweitert. Dabei wird zwischen zwei Fällen unterschieden:

Im ersten Fall liegen vor der Fahrt alle Daten vor im zweiten wird in regelmäßigen Abständen Daten zu einem begrenzten Teil der zukünftigen Fahrt bekannt. Für den Extremfall, dass das Ziel unter den momentanen Bedingungen nicht erreichbar ist, wird hier ein Regelsystem dargestellt, das die Reichweite erhöhen kann, um das Ziel des Fahrers dennoch erreichen zu können.

Die Optimierung der Reichweite wird mit einem validierten Simulationsmodell durchgeführt. Dieses Gesamtfahrzeugmodell wird im Rahmen dieser Arbeit entwickelt. Für eine zuverlässige Optimierung ist es erforderlich, dass dieses Fahrzeugmodell in der Lage ist die elektrischen Verbraucher, die Klimatisierung und den elektrischen Antriebsstrang abzubilden.

2 Stand der Technik

Im Folgenden wird der für die vorliegende Arbeit erforderliche Stand der Technik dargestellt. Nach einem kurzen Überblick über das batterieelektrische Fahrzeug (BEF) an sich werden die Einzelkomponenten besprochen. Neben den elektrischen Maschinen wird auf die Leistungselektronik, den chemischen Energiespeicher sowie das allgemeine Thermomanagement des BEFs eingegangen. Darüber hinaus werden die veröffentlichten vorausschauenden Ansätze bei Thermo- und Energiemanagement vorgestellt. Den Abschluss bildet die Darstellung der verfügbaren Simulationsplattformen für die Gesamtfahrzeugsimulationen auf Systemebene dar.

2.1 Komponenten eines batterieelektrischen Fahrzeugs

Nach dem Revival des Elektrofahrzeugs der letzten Jahre durch die Klima- und CO_2-Diskussion wird das BEF oft als „neue Lösung" angesehen. Dass das Elektrofahrzeug tatsächlich älter ist als der Patent Motorwagen von Karl Friedrich Benz aus dem Jahre 1886 [1] und auch dass der Elektromotor deutlich vor dem Viertaktmotor datiert, der 1860 von Christian Reithmann patentiert [2] wurde, ist vielen nicht bewusst. Die Entstehungsgeschichte des Batteriefahrzeugs wird im Folgenden kurz wiedergegeben.

2.1.1 Entstehungsgeschichte des batterieelektrischen Fahrzeugs

Die Voltasche Säule (Batterie) stammt aus dem Jahre 1800 [3]. Der erste praxistaugliche Gleichstrommotor von William Sturgeon aus dem Jahre 1832 [4]. Somit sind bereits 1832 die technischen Voraussetzungen für ein BEF gegeben. 1834 konstruiert Thomas Davenport das erste BEF und betreibt es für eine kurze Strecke. Die eingesetzte Batterie war aus Primärzellen[1] aufgebaut. Der Bleiakkumulator wurde erst 1859 von dem französischen Physiker Gaston Planté erfunden. Im Jahre 1886 wurde das erste wiederaufladbare BEF in London vorgestellt. Bereits um die Jahrhundertwende gab es in den USA über 15.000 Elektrofahrzeuge. Zum Ende des 2. Weltkrieges gibt es in Deutschland 22.000 Elektrofahrzeuge [5]. Zum 1. Januar 2013 waren in Deutschland 7114 reine

---

[1] Bei Primärzellen handelt es sich um nicht wiederaufladbare Zellen.

Elektrofahrzeuge angemeldet, was einem Anteil von lediglich 0,164‰ entspricht [6].

2.1.2   Aufbau

Aufgrund der Drehmomentcharakteristik[2] des Elektromotors können im Gegensatz zum konventionell angetriebenen Fahrzeug beim Elektrofahrzeug die Trennkupplung sowie das Schaltgetriebe entfallen. Gleich wie in den herkömmlichen Bauweisen ist es möglich, dass ein einzelner Motor seine Antriebsleistung über ein Differenzial auf eine Achse abgibt. Des Weiteren besteht die Möglichkeit, die Räder einzeln anzutreiben, wodurch das Differenzial entfällt. Dabei werden die Motoren entweder im Inneren des Fahrzeugs untergebracht und die Leistung mit der Hilfe von Antriebswellen auf die Räder übertragen oder die Motoren befinden sich als Radnabenantriebe direkt in Radnähe [5]. Die Motoren direkt in die Nabe zu integrieren, hat den Vorteil, dass beim Packaging neue Freiheitsgrade entstehen, allerdings auf Kosten von höheren ungefederten Massen. In einer Untersuchung mit einem VW Passat [7] konnte jedoch keine deutliche Verschlechterung der dynamischen Eigenschaften des Fahrzeugs bei einer Erhöhung der ungefederten Masse festgestellt werden. Im Unterschied zum konventionellen Fahrzeug befinden sich im BEF neben dem Elektromotor zusätzlich eine Leistungselektronik zur Ansteuerung des Motors sowie die Batterie als Energiespeicher.

2.1.3   Elektrische Maschinen

Die elektrische Maschine ist ein Wandler von elektrischer in mechanische Energie. Für die unterschiedlichen Anwendungsfälle gibt es die passenden Maschinen. Sie nutzen die Wechselwirkung zwischen einem elektrischen und magnetischen Feld. Bei der Gleichstrommaschine wird der nötige Drehstrom durch einen Kommutator, einen mechanischen Wechselrichter, der sich auf dem rotierenden Teil der Maschine befindet, erzeugt. Drehfeldmaschinen (synchron und asynchron) müssen bereits mit Wechselstrom versorgt werden. Bei der Asynchronmaschine (ASM) wird durch das anliegende Drehfeld in einem Kurzschlussläufer ein Strom induziert, der zur Momentenerzeugung benötigt wird. Dadurch resultiert bei einem Drehmoment ungleich Null eine Drehzahldifferenz zwischen Feld und Rotor, weshalb diese Maschine als Asynchronmaschine bezeichnet wird. Bei der Synchronmaschine (SM) wird das nötige Magnetfeld im Rotor nicht durch einen Induktionsstrom erzeugt, sondern durch einen von außen angelegten Gleichstrom oder einen Permanentmagneten. Es wird dann von einer

---

[2] Bereits im Stillstand kann die Maschine ein positives Drehmoment erzeugen.

permanent erregten Synchronmaschine, kurz PSM, gesprochen. Durch diese Bauart bewegt sich der Rotor synchron zum angelegten Drehfeld. Neuere Entwicklungen wie die Transversalflussmaschine und die geschaltete Reluktanzmaschine sind im Bereich der BEF noch nicht Stand der Technik. Für Start-Stopp-Systeme sind bereits geschaltete Reluktanzmaschinen am Markt erhältlich [8]. Eine ausführliche Beschreibung der elektrischen Maschinen ist in [9] zu finden.

Verluste treten in allen Maschinentypen auf und sind in zwei Kategorien unterteilbar: Zum einen die lastunabhängigen Leerlaufverluste und zum anderen die lastabhängigen Verluste. Zu den Leerlaufverlusten zählen die Eisenverluste, die Reibungsverluste[3] sowie die Erregerverluste. Bei den lastabhängigen Verlusten handelt es sich um Stromwärmeverluste, die in den Wicklungen auftreten und im Wesentlichen stromabhängig sind.

2.1.4 Leistungselektronik

Die von der Batterie zur Verfügung gestellte Gleichspannung muss für den Antrieb eines Drehstrommotors in eine Wechselspannung mit variabler Frequenz und Spannung gewandelt werden. Diese Aufgabe übernimmt die Leistungselektronik[4] [10]. Für die Wechselrichtung des Gleichstroms werden elektrische Schalter in der Form von IGBT[5] und MOSFET[6] verwendet [11].

2.1.5 Chemische Energiespeicher

Chemische Energiespeicher, die ihre gespeicherte Energie in elektrischer Form abgeben, werden als galvanische Zellen bezeichnet. Grundvoraussetzung sind zwei verschiedene Elektroden sowie ein Elektrolyt. Bei der Oxidation der Anode werden Elektronen aus dem Elektrolyten aufgenommen. Gleichzeitig werden bei der Reduktion der Kathode Elektronen an den Elektrolyten abgegeben. Die entstehenden Ionen wandern durch den Separator[7] zur jeweils anderen Elektrode [12]. Zur Erhöhung der Stromstärke werden mehrere Einzelzellen parallel oder zur Erhöhung der Spannung in Reihe geschaltet und zu einer Batterie zusammengefasst. Bei den gemeinhin als Akkus bezeichneten Zellen handelt es sich um Sekundärzellen, bei denen Energie wieder eingeladen werden kann. Ist die Entladung hingegen irreversibel, handelt es sich um eine Primärzelle [13]. Bei Brennstoffzellen handelt es sich um Tertiärzellen. Verschiedene Batterietechno-

---

[3] Luft-, Lager-, und Bürstenreibung
[4] Auch als Inverter und Pulswechselrichter bezeichnet.
[5] Insulated Gate Bipolar Transistor
[6] Metal Oxide Semiconductor Field Effect Transistor
[7] Der Separator isoliert die Elektroden elektrisch, lässt allerdings die Ionen durch.

logien sind heute in unterschiedlichen Einsatzgebieten gebräuchlich. In Abhängigkeit der gestellten Anforderungen an Preis, Lebensdauer oder auch Leistungs- und Energiedichte werden unterschiedliche Batterietypen favorisiert. Tabelle 1 zeigt die Eigenschaften einiger in Elektrofahrzeugen verwendeten Systemen. Aufgrund des seltenen Einsatzes von Blei- und NaNiCl-Batterien für moderne BEF sowie des Verbots der NiCd-Batterien zum 1.Dez. 2009 [14], konzentriert sich die vorliegende Arbeit auf Lithium-Ionen-Batterien.

Neben den Nickel-Cadmium- (NiCd) und den Nickelmetallhydrid- (NiMH) Batterien gehören zu der Klasse der alkalischen Batterien auch Systeme wie Nickel-Eisen-, Nickel-Wasserstoff-, Nickel-Zink-, Silber-Zink- oder Alkali-Mangan-Batterien. Durchgesetzt haben sich allerdings die NiCd und NiMH Batterien. Aufgrund ihrer sowohl hohen Leistungsdichte als auch ihrer hohen Lebensdauer bei kleinen Zyklentiefen sind NiMH Batterien die bevorzugte Wahl für Hybridfahrzeuge [15].

Tabelle 1:   Verfügbare Batterietechnologien für Elektrofahrzeuge aus [16], Daten für Einzelzellen

Batterietyp	Energiedichte	Leistungsdichte	Lebensdauer	
	[Wh/kg]	[W/kg]	Zyklen	Jahre
Blei	30 – 35	200 – 300	300 - 1500	2 - 3
NiCd	45 – 50	200 – 300	>2000	3 - 10
NiMH	60 – 70	200 – 300	>2000	10
NaNiCl	100 – 120	160	1000	5 - 10
Lithium-Ionen	120 – 150	400 – 600	2000	10

Lithium ist das leichteste feste Element. Aufgrund der niedrigen Dichte und des betragsmäßig höchsten Standardpotenzials[8] [17] von 3,04 V eignet sich Lithium hervorragend für die Herstellung einer Batterie. Die hohe Reaktivität mit Wasser trübt das Bild [15]. In den meisten Fällen wird kein metallisches Lithium eingesetzt, da dies beim Laden und Entladen stetig wachsende Dendriten[9] bildet, was einen internen Kurzschluss auslösen kann. Während des Ladevorgangs werden von der positiven Elektrode Lithium-Ionen freigesetzt. Diese werden von der negativ polarisierten Elektrode angezogen und als Atome in die Gitterstruktur

---

[8] Mit Standardpotenzial ist das Potenzial der Halbzelle aus Metall in Metallsalzlösung in Wasser gegenüber der Wasserstoffelektrode gemeint.
[9] Eine baum- oder strauchartige Kristallstruktur.

eingelagert. Dieser Vorgang wird Interkalation genannt. Somit findet keine Reaktion der Aktivmaterialien statt. Während der Entladung drehen sich die Elektronen- und Ionenstromrichtung um [12]. Für die positive Elektrode kommen lithiumhaltige Übergangsmetalloxide in Frage (z. B.: Lithium-Manganoxid, Lithium-Kobaltoxid oder Lithium-Nickeloxid) an der negativen Elektrode werden Graphit oder amorphes Karbon verwendet [18]. Als Elektrolyt wird eine Mischung verschiedener organischer wasserfreier Lösungsmittel verwendet, die hauptsächlich mit dem Leitsalz $LiPF_6$ versetzt sind [15].

2.1.6 Batteriemodellierung

Aufgrund des nichtlinearen Verhaltens der Batterie ist es im Rahmen numerischer Untersuchungen unerlässlich, das Verhalten der Batterie richtig zu beschreiben. Die Vielzahl der vorhandenen Modelle und Ansätze zur Modellierung der Batterie zeigen, dass es noch kein allgemeines Modell zur Beschreibung der Batterie gibt. Deshalb wird für die vorliegende Arbeit ein eigenes Batteriemodell entwickelt, das in der Lage ist die Vorgänge in einem BEF zu beschreiben. Insbesondere soll bei dem hier entwickelten Batteriemodell möglich sein eine Auswirkung der Alterung auf das Thermomanagement des Fahrzeugs abzubilden. Zur Modellierung des Verhaltens der Batterie gibt es grundsätzlich vier verschiedene Ansätze: elektrochemische Modelle, analytische Modelle, stochastische Modelle sowie Modelle basierend auf elektrischen Ersatzschaltkreisen.

Elektrochemische Modelle bilden das Verhalten der Batterie durch Simulation der Zellchemie ab. Aufgrund der hohen Rechenintensität werden diese Modelle häufig dazu verwendet, einfachere Batteriemodelle zu überprüfen [19]. Das erste Modell zur Berechnung von Primär- und Sekundärzellen liefern Newman und Tiedemann 1975 [20]. Um eine weitere Elektrode und den Separator erweiterten 1993 bis 1994 Doyle, Fuller und Newman dieses Modell [21,22,23]. Die Frage des Kapazitätsverlusts wurde 2004 von Ramadass et al. bearbeitet [24]. Aufgrund der hohen Komplexität und der Vielzahl der zu lösenden Differenzialgleichungen sind diese Modelle für den Einsatz in der Systemsimulation bisher ungeeignet.

Die analytischen Modelle weisen einen höheren Abstraktionsgrad auf. Die Beschreibung erfolgt mit Hilfe weniger Gleichungen, weshalb sie einfach handzuhaben sind [19]. Ein einfaches mathematisches Modell ist das Modell nach Peukert (Ende des 19. Jahrhunderts), das die Nichtlinearität der entnehmbaren Kapazität als Funktion des Entladestroms betrachtet [25]. Die Formel nach Peukert ist in ihrer Aussagekraft eingeschränkt, da instationäres Verhalten und weitere Einflussparameter nicht berücksichtigt werden. Eine Erweiterung für pseudo-instationäre Entladeströme geben Rakhamatov und Vrudhula 2001 an [25]. Rakhamatov und Vrudhula erweitern dieses Modell in [26,27,28] um die elektrochemische Reaktion an der Zelloberfläche und die ionische Diffusion im Elektrolyten. Das Modell nach Manwell und McGowan bildet das Batterieverhalten über einen intuitiven kinetischen Ansatz ab [29]. Dieses Modell ist für die Bestimmung der Entladedauer, aber nicht der Spannung, von Bleibatterien gut geeignet [19,29]. Da bei diesen Modellen die Spannung nicht abgebildet wird, sind sie für die Verwendung in einer thermischen Situation ungeeignet. Die Bestimmungsgleichung für den Wärmestrom ist in Kapitel 2.1.6 dargestellt.

Bei stochastischen Modellen wird das Batterieverhalten über stochastische Prozesse abgebildet. Das Modell nach Panigrahi et al. [30] betrachtet nur eine Batteriezelle und identifiziert eine kleinste Ladungsmenge, die entnommen werden kann. Die Entladung wird dabei über eine Markow-Kette[10] [31] modelliert. Damit ist die Entladung der Batterie ein stochastischer und gedächtnisloser Prozess. Für die Verwendung in der thermischen Systemsimulation ist auch diese Herangehensweise ungeeignet.

Modelle basierend auf elektrischen Ersatzschaltkreisen nutzen Analogien zwischen dem Verhalten der Batterie und dem elektrischer Schaltkreise. Das Batterieverhalten wird im Wesentlichen über Widerstände, Kapazitäten, Induktivitäten und Spannungsquellen abgebildet. Die Klasse der Modelle basierend auf elektrischen Ersatzschaltkreisen lassen sich wiederum in drei Unterklassen einteilen:

In ihrer einfachsten Form verwenden theveninbasierte Modelle einen Widerstand sowie ein in Reihe geschaltetes RC-Element. Als Quelle dient eine, für den jeweiligen Ladezustand als konstant angenommene, Spannungsquelle. Dadurch ist das Modell nicht in der Lage eine konstante Ladung oder Entladung zu beschreiben sowie Aussagen zur Laufzeit zu treffen. [32,33]

Bereits 1982 hat Appelbaum [34] auf Basis des Thevenin Modells in seiner einfachsten Form eine Erweiterung vorgeschlagen, mit der eine ladezustandsabhänige Quellspannung sowie die Selbstentladung für eine Blei-Säure-Batterie modelliert werden kann. Dafür verwendet er einen Kondensator, der die Spannungsänderung über dem Ladezustand abbildet. Über drei RC-Glieder wird das dynamische Verhalten abgebildet. Ein parallel geschalteter Widerstand beschreibt die Selbstentladung. 1992 haben Salameh et al. [35] die Stromrichtungsabhängigkeit der Widerstände in ihr Modell integriert. Dabei wirken ideale Dioden als elektrische Rückschlagventile. Die Richtungsabhängigkeit ist für den Innenwiderstand sowie das RC-Glied vorgesehen. Des Weiteren wird für die Selbstentladung ein paralleler Widerstand verwendet. 1996 stellen Valvo et al. [36] ein elektrisches Ersatzschaltkreismodell für eine Bleibatterie vor, das in Lage ist, eine nichtlineare Quellspannung sowie einen nichtlinearen Innenwider-

---

[10] Ein stochastischer Prozess. Aus der Definition folgt, dass aus einem Teil der Vergangenheit ebenso gute Prognosen getroffen werden können, wie wenn die vollständige Vergangenheit bekannt wäre. Bei einer Markow-Kette erster Ordnung hängt die Zukunft nur von der Gegenwart ab.

stand in Abhängigkeit des Ladezustands abzubilden. Seit 1996 ist am NREL (National Renewable Energy Laboratory, Golden, Colorado, USA) das „NREL Resistive Model" vorhanden, das die Leerlaufspannung als Funktion von Ladezustand und Temperatur modelliert sowie den Innenwiderstand als Funktion von Ladezustand, Temperatur und Stromrichtung [37]. Ein RC-Element ist in diesem Modell nicht vorhanden. 2001 haben Johnson et al. [38] ein Modell mit einem Kondensator, für die Abbildung der Leerlaufspannung und Kapazität, einem Innenwiderstand und einem RC-Glied für die Simulation von Lithium-Ionen-Batterien vorgestellt. Damit haben sie gegenüber dem „NREL Resistive Model" die Vorhersage der Batteriespannung erheblich verbessert. 2003 wurde von Verbrugge und Tate [39] eine Abwandlung des Thevenin Modells vorgestellt wobei die Leerlaufspannung über ein Stromintegral und damit über dem Ladezustand abgebildet wird. Das Modell selbst verfügt über eine Spannungsquelle, einen Innenwiderstand sowie ein RC-Element.

Impedanzbasierte Modelle verwenden die Ergebnisse der elektrochemischen Impedanzspektroskopie (s.u.), um die frequenzabhängige Impedanz des Modells abzustimmen. Die Modelle arbeiten mit einem festen Datensatz in Abhängigkeit der Temperatur und des Ladezustands und sind somit, wie die Thevenin Modelle, nicht in der Lage, eine konstante Ladung oder Entladung zu beschreiben sowie Aussagen zur Laufzeit zu treffen. [32,33]

Laufzeitmodelle verwenden ein komplexes elektrisches Netzwerk, um Aussagen zur Entladedauer und zu konstanter Ladung und Entladung treffen zu können. Bei variierenden Bedingungen stoßen diese Modelle an ihre Grenzen. [32] Ein Beispiel für ein Laufzeitmodell ist das 1997 von Gold [40] vorgestellte Makromodell für eine Lithium-Ionen-Batterie. Dieses Modell sieht einen ladezustandsabhängigen Innenwiderstand vor, allerdings sind die Werte der RC-Glieder konstant.

Tabelle 2: Eignung verschiedener elektrischer Modelle für unterschiedliche Anwendungen [32]

	Theveninbasiert	Impedanzbasiert	Laufzeitbasiert
Gleichstrom	Nein	Nein	Ja
Wechselstrom	Begrenzt	Ja	Nein
Instationär	Ja	Begrenzt	Begrenzt
Entladedauer	Nein	Nein	Ja

Aufgrund der in Tabelle 2 ersichtlichen Unzulänglichkeiten der verschiedenen Ersatzschaltkreismodelle wurden im Laufe der Zeit auch kombinierte Modelle entwickelt.

Gao et. al haben 2002 ein kombiniertes Modell vorgestellt [41], das die Vorteile eines Laufzeitmodells mit dem eines theveninbasierten Modells vereinigt. Sie modellieren das dynamische Verhalten über ein Thevenin Modell mit Innenwiderstand, und einem RC-Glied mit jeweils festen Parametern. Über das von der Zeit, der Temperatur und dem Strom abhängige Ruhepotenzial wird der Laufzeitcharakter modelliert.

2004 wurde von Abu-Skarkh [42] ein weiteres kombiniertes Modell vorgestellt. Zwar arbeiten die Autoren mit zwei Zeitkonstanten im Thevenin Modell, allerdings fassen sie in der kürzeren der beiden Zeitkonstanten, die im Minutenbereich liegt, die Polarisation sowie die Diffusion zusammen. Der Widerstand in diesem RC-Glied wird als konstant angenommen. Das größere der beiden Zeitglieder bewegt sich im Stundenbereich und ist mit einer Zener-Diode kombiniert, um den Spannungsabfall an dem RC-Glied zu begrenzen[11].

Chen et al. haben 2006 eine andere Modellierung für ein kombiniertes Batteriemodell vorgeschlagen [32]. Sie verwenden ein Thevenin Modell mit zwei RC-Gliedern, bei dem alle Parameter in Abhängigkeit des SoC modelliert werden. Die verfügbare Entladekapazität wird als Funktion der Zyklenzahl, der Temperatur, des Stroms und der Lagerdauer modelliert. Damit verfügt dieses Modell über die Fähigkeit, die Auswirkung der Alterung und der Selbstentladung auf die verfügbare Kapazität abzubilden.

In Abhängigkeit des verwendeten Batteriemodells sowie der zu simulierenden Zelle müssen dem Modell die entsprechenden Parameterwerte aufgeprägt werden. Dazu sind in der Literatur zwei unterschiedliche Verfahren bekannt: Zum einen die elektrochemische Impedanzspektroskopie und zum anderen die Auswertung von Sprungantworten der Zelle.

Laut Ratnakumar [43] ist die elektrochemische Impedanzspektroskopie eine leistungsstarke Methode zur zerstörungsfreien Charakterisierung des Grenzflächenverhaltens in elektrochemischen Systemen. Dabei wird die elektrochemische Zelle mit einem Wechselstrom kleiner Amplitude über einen weiten Frequenzbereich angeregt. Bei der anschließenden Auswertung wird der Betrag der Impedanz sowie der Phasenwinkel erfasst [44]. Diese Werte bilden die Grundlage für die impedanzbasierten Modelle aus Kapitel 2.1.5.

Bei der Messung im Zeitbereich unterscheidet Jossen [15] zwischen dem Gleichstromwiderstand r_{dc} und dem Wechselstromwiderstand r_{ac} bzw. r'_{ac}. Der

---

[11] Anmerkung: Wie in Kapitel 3.3.6 gezeigt wird, hat die Spannung eines so großen Zeitglieds die Tendenz, stetig zuzunehmen. Dadurch steigen die Überspannungen immer weiter an, wodurch die Spannungsvorhersage mit zunehmender Laufzeit schlechter wird.

Gleichstromwiderstand wird aus der Spannungs- und Stromdifferenz der Punkte P1 und P3 entsprechend Abbildung 1 gebildet:

$$r_{dc} = \frac{U_1 - U_3}{I_1 - I_3} \qquad \text{(Gl. 2.1)}$$

Der Gleichstromwiderstand umfasst damit nicht nur die ohmschen Widerstände, sondern auch alle dynamischen Anteile. Der Wechselstromwiderstand r_{ac} wird bei einem mit 1000 Hz aufgeprägten Wechselstrom mit der Spannung U_{eff} und dem Strom I_{eff} gemessen:

$$r_{ac} = \frac{U_{eff}}{I_{eff}} \text{ mit f} = 1000 \text{ Hz} \qquad \text{(Gl. 2.2)}$$

Alternativ kann der Wechselstromwiderstand r'_{ac} auch aus der Sprungantwort abgeleitet werden. Dazu wird der Punkt P2 aus Abbildung 1 verwendet. Dieser befindet sich 0,5 ms nach dem Punkt P1. Der Wechselstromwiderstand r'_{ac} folgt demnach aus:

$$r'_{ac} = \frac{U_1 - U_2}{I_1 - I_2} \qquad \text{(Gl. 2.3)}$$

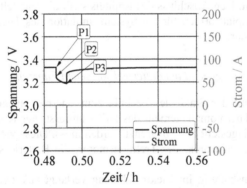

Abbildung 1: Spannungsantwort einer 20 Ah Lithium-Eisen-Phosphat-Batterie bei einem Strompuls von -2,5 C (-50 A)

Die Bestimmung der Spannung der Batterie hat in diesem Umfeld vor allem den Zweck der Bestimmung des Wärmestroms, der von der Batterie erzeugt wird. Der Wärmestrom einer Zelle setzt sich aus den Jouleschen Verlusten und dem reversiblen Wärmeeffekt zusammen. Der Joulesche Verlust resultiert aus den Überspannungen. Der reversible Wärmeeffekt hat seine Ursache in der Entropieänderung der Aktivmasse der Zelle bei Ladungszustandsänderungen. Damit folgt der summarische Wärmestrom zu [45]:

$$\dot{Q} = I \cdot (U - U_{OCV}) + I \cdot T \cdot \frac{dU_{OCV}}{dT} \hspace{3cm} \text{(Gl. 2.4)}$$

Darin ist $I \cdot (U - U_{OCV})$ der Joulsche Verlust, der aus der Differenz zwischen Leerlaufspannung U_{OCV} und Klemmspannung U multipliziert mit dem Klemmstrom I folgt. Der reversible Wärmeeffekt lässt sich durch das Produkt aus Klemmstrom I, der absoluten Temperatur T sowie der Änderung der Leerlaufspannung über der absoluten Temperatur $\frac{dU_{OCV}}{dT}$ berechnen.

Das Verhalten von Lithium-Ionen-Batterien wird durch Alterungsmechanismen beeinflusst. Jossen nennt in [15] zwei generell unterschiedliche Klassen von Alterungsmechanismen: Alterung durch Benutzung (Zyklisieren) und kalendarische Alterung. Das Ende der Lebensdauer wird auf 60-80% verbleibende Restkapazität festgelegt [15].

2.2   Energie- und Thermomanagement

Im Folgenden wird neben dem Stand der Technik zum Thermomanagement beim BEF der Stand der Technik zum prädiktiven Thermo- und Energiemanagement dargestellt. Den Abschluss des Kapitels stellt die Darstellung der verfügbaren Simulationsplattformen für die Systemsimulation des Thermo- und Energiemanagements dar.

2.2.1   Thermomanagement am batterieelektrischen Fahrzeug

Im Folgenden wird der Stand der Technik zum Thermomanagement bei BEF dargestellt. Das Thermomanagement des BEFs umfasst vier Komponenten, deren Temperatur eingestellt bzw. begrenzt werden muss. Diese vier Komponenten sind die Leistungselektronik, der Traktionsmotor, die Batterie sowie die Fahrzeugkabine.

Die Traktionsbatterie im Elektrofahrzeug verlangt aus zweierlei Gründen nach einem Thermomanagement. Zum einen muss aufgrund von Lebensdauer-, Kapazitäts- und Leistungsgründen die Temperatur im Betrieb innerhalb gewisser Grenzen gehalten werden. Zum anderen muss die Wärme, die beim Laden und Entladen in der Batterie entsteht, zuverlässig abgeführt werden. Ist die Traktionsbatterie aus thermischen Gründen nicht funktionstüchtig, führt dies beim BEF zum Stillstand. [46,47,48,49,50]

Die Herausforderung bei der Kühlung von Traktionsbatterien stellt nicht die notwendige Kühlleistung dar, sondern das zulässige Temperaturfenster. Die Literatur nennt obere Grenzwerte zwischen 40°C und 50°C [49,50,51,52,53], ab denen die Alterungsprozesse in der Batterie stark beschleunigt werden. Diese führen dazu, dass die geforderte Lebensdauer nicht erreicht wird [49]. Temperaturen über 100°C sind sicherheitskritisch, da es hierbei zu einem „thermal runaway" kommen kann. Dieser führt im Extremfall zur Explosion [54]. Unterhalb von 0°C bis -10°C sinken die Leistung und Wirkungsgrad [49,53,54]. Der optimale Temperaturbereich für den Betrieb einer Lithium-Ionen-Batterie wird zwischen 15°C...20°C und 25°C...40°C angegeben [5,53,55,56,57,58]. Neben dem absoluten Temperaturniveau ist auch die Homogenität der Temperatur innerhalb der Zellen und der Batterie entscheidend. Bei dieser Temperaturdifferenz wird vom so genannten Temperaturgradienten gesprochen. Dieser sollte maximal 5 K bis 10 K betragen [5,52,56]. Die Kühlung der Batterie kann durch Luft, ein temperiertes Zwischenmedium oder direkt durch verdampfendes Kältemittel erfolgen. Bei der Kühlung der Batterie durch Luft werden die Zellen von der Kühlluft frei umströmt und dabei alle zugänglichen Flächen gekühlt. Der Bauraumbedarf für die Kühlkanäle ist erheblich und führt zu einer niedrigen Energie- und Leistungsdichte des Systems [5,47,48,49,50]. Ein weiteres Problem stellen die Kühlungseffektivität, die Temperaturhomogenität und der Schmutzeintrag dar. Schmutz kann in Verbindung mit Feuchtigkeit zu Kriechströmen führen. Deshalb müssen die elektrischen Bauteile mit Reinluft gekühlt oder vergossen werden [5,47,48,49,50]. Wird zur Kühlung der Batterie Kabinenluft verwendet, muss sichergestellt sein, dass im Falle eines Unfalls keine giftigen Gase in die Kabine eindringen können [49]. Des Weiteren muss der Zielkonflikt zwischen Innenraumklimatisierung und Batteriekühlung gelöst werden. Bei der Heizung bzw. Kühlung der Batterie durch ein Zwischenmedium, besteht die Aufgabe darin, dieses Zwischenmedium zu temperieren. Die Kühlung erfolgt in Abhängigkeit der Außentemperatur und der benötigten Kühlleistung entweder durch einen Außenstromwärmeübertrager oder durch einen Chiller[12]. Bei niedrigen Außentemperaturen ist es erforderlich, das Fluid zu heizen [49]. Es besteht weiterhin die Möglichkeit, die Batterie direkt durch verdampfendes Kältemittel zu kühlen. Dabei ist die Kühlplatte der Batterie als Verdampfer ausgeführt und parallel zum Hauptverdampfer geschalten. Die Schwierigkeit besteht dabei in der Abstimmung des Kältemittelkreislaufs aufgrund der unterschiedlichen Betriebscharakteristika [52,59]. Aufgrund der hohen Kühlleistung und der erreichbaren Temperaturhomogenität wird tendenziell die Flüssigkeitskühlung bevorzugt. Noch vor fünf Jahren wurde dieser Ansatz in der Praxis wegen der hohen Kosten und Komplexität noch gemieden [47,52,60,61]. Bei neueren Konzepten wird die indirekte Kühlung immer mehr eingesetzt.

In Kapitel 2.1.3 werden die verschiedenen elektrischen Maschinen beschrieben. Hier wird auf das Thermomanagement der Motoren eingegangen.

---

[12] Ein Chiller besteht aus der Kopplung von Kälte- und Kühlmittelkreislauf. Im Kältemittelkreislauf stellt ein Chiller einen Verdampfer dar. Im Gegensatz zum gewöhnlichen Verdampfer im Klimakreis, wird statt der Luft das Kühlmittel gekühlt.

Elektromotoren können in einem breiten Temperaturfenster betrieben werden. Die Mindesttemperatur orientiert sich an der Fettung der Wälzlager sowie bei wassergekühlten Maschinen am Anteil des Frostschutzmittels. Die maximalen Betriebstemperaturen werden in der Literatur mit 175°C [62] bis 180°C [63] angegeben. Bei Maschinen mit Permanentmagneten muss die Degradierung bei der Maximaltemperatur berücksichtigt werden [63], da ein zu heiß gewordener Permanentmagnet seine Magnetisierung dauerhaft verlieren kann. Die bisher veröffentlichten Elektrofahrzeuge verfügen über Luft- oder Flüssigkeitskühlung. Dabei werden die Fluidkreisläufe mit bis zu 60°C betrieben [52]. In der IEC 34-6 „Rotating electrical machines – Part 6: Methods of cooling" [64] werden die verschiedenen Möglichkeiten zur Kühlung von elektrischen Maschinen beschrieben. Es wird unterschieden zwischen direkter und indirekter Kühlung. Bei der direkten Kühlung wird das umgebende Kühlmedium über freie Konvektion, Selbstbelüftung, Fremdbelüftung oder Relativbewegung durch die Maschine bewegt und somit die Wärme abgeführt. Bei der indirekten Kühlung wird die Wärme nicht an das in der Maschine befindliche Medium, sondern an das die Maschine umgebende Medium abgegeben. Als Kühlmedien können sowohl gasförmige, flüssige als auch Medien, die einen Phasenwechsel vollziehen, verwendet werden.

Die thermisch kritische Komponente in der Leistungselektronik ist der empfindlichste Halbleiter. Halbleiter sind für Umgebungstemperaturen von 125-150°C ausgelegt [65]. Die niedrigste Betriebstemperatur liegt bei -40°C [66] wobei hier vor allem die unterschiedliche Wärmedehnung relevant ist, da hohe thermomechanische Beanspruchungen zu vorzeitiger Ermüdung führen können [65,67]. Die maximalen Kühlmitteltemperaturen für die Leistungselektronik wird in der Literatur mit 60°C bis 85°C angegeben [52,65,68].

Entsprechend DIN 1946-3 „Raumlufttechnik – Teil 3: Klimatisierung von Personenkraftwagen und Lastkraftwagen" [69] wird mit der Lufttemperatur und -feuchte die Sicherheit und der Komfort im Fahrzeug maßgeblich beeinflusst. Für einen „predictive mean vote" (PMV) von 0[13] ergibt sich in Abhängigkeit der Außentemperatur die mittlere Lufttemperatur im Fahrzeuginnenraum entsprechend Abbildung 2. Diese Temperaturen erfordern, dass sowohl eine Heizung als auch eine Klimaanlage vorgesehen wird. Gemäß DIN muss die Heizung bei -20°C in der Lage sein, die Scheibe zu enteisen und nach 30 Minuten muss sich eine Temperatur von 20°C im Innenraum einstellen. Für den Sonderfall des BEFs genügt laut DIN eine Temperatur von 15°C [69], um den Energiebedarf gering zu halten.

---

[13] Bei einem PMV von 0 geben die wenigsten Probanden an, dass es entweder zu heiß oder zu kalt sei.

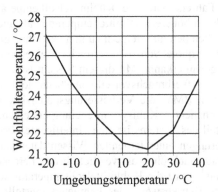

Abbildung 2: Wohlfühltemperatur im Fahrzeuginnenraum als Funktion der Außentemperatur, Daten aus [69]

Laut DIN 1946-3 [69] sind für einen Pkw für die Heizung 5-12 kW und zum Kühlen 3-7 kW typischerweise maximal erforderlich. Zur Senkung des stationären Heiz- und Kühlleistungsbedarfs werden in der Literatur einige Maßnahmen genannt: Es wird versucht, statt der ganzen Kabine nur die Luft unmittelbar um die Passagiere bzw. die Passagiere selbst, etwa durch Düsen oder durch elektrische Heizelemente wie Strahler zu temperieren. Rein passive Verbesserungen wären die zusätzliche Isolierung von Scheiben, Dach und Türen des Fahrzeugs. Um die Einstrahlung in das Fahrzeug zu reduzieren, können die Scheiben senkrecht gestellt und verkleinert werden. Zur Nutzung der Wärmeeinstrahlung über die Scheiben im Winter wäre eine temporäre Tönung der Scheiben anzustreben. Eine weitere Möglichkeit ist die Nutzung von Abwärme aus dem Fahrzeug. Zusätzlich kann die Klimatisierungsleistung durch die Verwendung einer Umluftschaltung bzw. über eine Rekuperation der Abluftwärme reduziert werden. [70]

2.2.2 Prädiktives Thermomanagement

In modernen Fahrzeugen sind bereits prädiktive Funktionen integriert. Am besten bekannt sind Systeme wie der Abstandsregelautomat, der auf Basis des Umfelds und der vorwegfahrenden Fahrzeuge die Fahrgeschwindigkeit regelt oder das Kurvenlicht, das die Ausleuchtung der Straße verändert, wenn sich die Umgebung ändert. Durch verschiedene Veröffentlichungen wird offensichtlich, dass für die Prädiktion im Thermomanagement zunehmend Potenzial gesehen wird:

In der Dissertation von Goßlau [71] wurde eine Methode erarbeitet, mit der auf Basis der Signale der Sensoren, die bereits in einem Fahrzeug verbaut sind, die aktuelle Strecke typisiert werden kann. Mit Hilfe der typisierten Stecke und des klassifizierten Fahrers wird die Kühlmittelsolltemperatur angepasst, um sowohl Effizienz (durch höhere Kühlmitteltemperatur) als auch Dynamik (durch niedrigere Kühlmitteltemperatur) steigern zu können. Ohne die Verwendung von GPS wird eine Trefferquote von 70% erreicht. Bei einem Gefälle wird das Steckenprofil nicht genau erkannt. Mit diesem System ist bei dynamischer Fahrt in der Stadt ein Kraftstoffverbrauchsvorteil von 3% darstellbar.

2010 wurden von BMW die Verbesserungspotenziale veröffentlicht [72], die sich mit vorausschauender Kühlsystemregelung bei einem BMW 335i erzielen lassen. Bestandteil des Systems ist eine „Intelligente Lernende Navigation", die mit der Erweiterungen einer lernenden Wissensdatenbank den wahrscheinlichsten Routenverlauf auch ohne aktive Zielführung berechnet. Auf Basis des künstlichen Horizonts[14] wird die Kühlmittelsolltemperatur so vorgegeben, dass sich eine verbesserte Betriebsweise des Fahrzeugs einstellt. Es konnte alleine durch die Änderung der Betriebsstrategie ein Kraftstoffverbrauchsvorteil von 1% dargestellt werden. Des Weiteren wurde die Beschleunigungszeit beim Sechszylinder Saugmotor von 60 auf 120 km/h durch eine verbesserte Füllung der Zylinder mit der Hilfe einer abgesenkten Motortemperatur um 3-5% reduziert.

Seit 2011 hat BMW ein Patent [73] unter dem Titel „Vorausschauendes Wärmemanagement in einem Kraftfahrzeug". Es wird unter anderem in Abhängigkeit der zukünftigen Umgebungsbedingung die Kühlmitteltemperatur derart vorgegeben, dass sich eine optimierte Betriebsweise des Kraftfahrzeugs einstellt. Dabei ist nicht eingeschränkt, wie die zukünftigen Fahrstreckendaten erhoben werden. Über die Stellgrößen Kennfeldthermostat, elektrische Kühlmittelpumpe, elektrischer Lüfter und die regelbaren Kühlerjalousien wird die Kühlmitteltemperatur eingestellt. Insgesamt gibt es vier verschiedene Lastanforderungsprofile, die von BMW unterschieden werden: Effizienz Stadt, Effizienz Überland, Dynamik Stufe und Übergang. Laut BMW [74] ist seit 2012 im BMW 7er ein vorausschauendes Wärmemanagement integriert, das bei aktiver Routenführung die Effizienz und Dynamik steigert.

2012 wurde von Spheros eine vorausschauende Betriebsstrategie für das Thermomanagement bei Hybridbussen veröffentlicht [75]. Ziel des Systems ist es, durch die prädiktive Regelung der Klimatisierung des Innenraums und der Temperierung der Traktionsbatterie die Leistungsspitzen der Batterie zu reduzieren. In einer Simulation des NEFZ konnte mit dem prädiktiven Regler eine Reduktion der Leistungsaufnahme des Klimatisierungssystems um 42% nachgewiesen werden.

Die Literaturrecherche zeigt, dass es für konventionelle und hybridisierte Fahrzeuge vorausschauende Thermomanagementsysteme gibt. Da im Rahmen dieser Arbeit ein vorausschauendes Thermomanagement für ein BEF untersucht

---

[14] Hier wird die vorhergesagte Strecke unter dem künstlichen Horizont verstanden.

werden soll, muss dieses zunächst aus den bestehenden Systemen abgeleitet und erweitert werden.

2.2.3 Prädiktives Energiemanagement

Nicht nur das Thermomanagement wird mit vorausschauenden Komponenten versehen. Auch mit dem prädiktiven Energiemanagement beschäftigen sich einige Autoren. Wichtiger Bestandteil von prädiktiven Ansätzen ist die eigentliche Bestimmung des künstlichen Horizonts bzw. des zu erwartenden Fahrleistungsprofils. Dabei unterschieden sich die Ansätze, wie die Daten zur Prädiktion erhoben werden. Neben Systemen, die über GPS und Kartendaten [76] ihren künstlichen Horizont abbilden, gibt es Systeme, die auf Fahrzeug-Ampel-Kommunikation [77] bzw. Fahrzeug-Fahrzeug-Kommunikation [78] vertrauen. Wieder andere Systeme nutzen für ihren künstlichen Horizont auch Nahfeldsensoren [79]. Z. B. wird dazu das Lenkwinkel-Weg-Signal analysiert und mit bereits befahrenen Strecken verglichen. Zusätzlich werden die angeforderten Leistungen mit denen verglichen, die sich in der Datenbank befinden. Auf diese Art und Weise lässt sich die befahrene Stecke schnell identifizieren [80].

Bereits 1998 wurde von Dorrer et al. [81,82] ein vorausschauendes System vorgestellt, das den Kraftstoffverbrauch eines konventionellen Fahrzeugs reduzieren kann. Der künstliche Horizont wurde aus Daten des ACC (engl.: Adaptive Cruise Control), des Navigationssystems und von RDS/TMC (engl.: Radio Data System / Traffic Message Channel) erstellt. Durch ein aktives Fahrpedal werden dem Fahrer die Empfehlungen mitgeteilt[15]. Neben der Geschwindigkeitsreduktion über ein früheres „Vom-Gas-Gehen" wird auch die Beschleunigung in effizientere Kennfeldbereiche verschoben. Auf einem realen Streckenabschnitt im Großraum München ergab sich eine Kraftstoffeinsparung von 14,7% bei einem Vorausschauhorizont von 300 m. Bei 500 m Vorausschau ergaben sich 21,1%.

2000 wurde von Grein [83] eine Methode zur Reduzierung des Streckenverbrauchs bei einem Kfz vorgestellt. Es wurde zugrunde gelegt, dass Umgebungsinformationen über GPS o. ä. Systeme vorliegen. Auf Basis der vorliegenden Daten wird eine Sicherheitspriorisierung durchgeführt und eine Fahrstrategie gewählt. Je nachdem, ob die Geschwindigkeit gehalten, erhöht oder verringert werden soll, ergeben sich aus der Zeit bis zur erfolgten Umsetzung unterschiedliche Umsetzungsstrategien. Für die Verzögerung kann die Schubabschaltung, die Schubabschaltung mit Rekuperation, der Freilauf oder der Freilauf mit Motorstopp gewählt werden. Simulationen von einzelnen Manövern ergaben eine Kraftstoffverbrauchsreduktion von bis zu 40%. Die Zeitdauern der Manöver

---

[15] Das Fahrpedal besitzt einen variablen Druckpunkt, der gezielt verstellt wird.

wurden um bis zu 12% erhöht. Die Abschätzung aus Versuchsfahrten ergab eine Reduktion des Gesamtverbrauchs um 10 - 15%.

2004 wurde von DaimlerChrysler ein vorausschauender Tempomat für die Anwendung in der Heavy Duty Trucks Class 8[16] vorgestellt [76]. Dabei wird der Tempomat mit einem Vorausschauhorizont von 4 km versehen. Die Geschwindigkeit des Fahrzeugs wird in einem Fenster um die eigentliche Sollgeschwindigkeit geregelt, um den Kraftstoffverbrauch sowie die Fahrtzeit zu minimieren. Für die Regelung der Fahrzeuggeschwindigkeit liegen dem System dreidimensionale Kartendaten vor. Über die Erhöhung der Geschwindigkeit vor Steigungen und Reduktion der Geschwindigkeit vor Gefällen konnte simulativ ein Kraftstoffverbrauchsvorteil von 2,6 - 5,1% nachgewiesen werden. Dabei erhöht sich die Fahrtzeit um 0,3 - 1,9%.

Im Vorausschauassistent des ECO PRO Pakets von BMW [74] wird die Routenführung des Navigationssystems genutzt, um dem Fahrer Hinweise für die frühzeitige Geschwindigkeitsreduktion zu geben. In Kombination mit dem Segel-Modus des Antriebsstrangs sind Verbrauchsreduktionen von bis zu 5% realisierbar.

Beim elektrifizierten Fahrzeug, insbesondere beim Hybrid, ergibt sich der Wunsch, möglichst die gesamte kinetische Energie beim regenerativen Bremsen zurückzugewinnen. Begrenzt wird die rekuperierbare Energie durch die gewünschte Bremsverzögerung des Fahrers und die von der Batterie aufnehmbare Energie und Leistung. Zur Maximierung der rekuperierbaren Energie eignen sich prädiktive Ansätze.

In [79] wird ein System vorgestellt, das in einem hybridisierten Fahrzeug die rekuperierbare Energie erhöhen und damit den Gesamtenergiebedarf reduzieren soll. Dazu wurde der künstliche Horizont des ACC Systems über 3D-Kartendaten erweitert. Durch frühere Bremsvorgänge bei Annäherung an vorausfahrende Fahrzeuge und Geschwindigkeitstrichter[17] konnte auf einer 15 km langen Teststrecke der Kraftstoffverbrauch eines Opel Corsa Parallelhybriden um 6,3% gesenkt werden.

Ein anderer prädiktiver Ansatz wird in [84] erörtert. Dabei wird der Fokus auf Vernetzung und Navigation gelegt. Der Nutzer soll über PC oder Smartphone das Fahrvorhaben für den nächsten Tag angeben. Der Ladevorgang startet dann automatisch, so dass rechtzeitig genügend Ladung vorhanden ist. Mit Netzdaten ist zusätzlich ein „netzfreundlicher"[18] Ladevorgang möglich. Liegen für die gewünschte Fahrt schlechte Straßenbedingungen vor, kann der Fahrer informiert werden und entweder früher starten oder eine Alternativroute wählen. Während

---

[16] Zulässiges Gesamtgewicht über 33000 lbs (entspricht 14969 kg)
[17] Bei einem Geschwindigkeitstrichter wird gemäß §45 StVO die zulässige Höchstgeschwindigkeit schrittweise auf den Zielwert herab begrenzt.
[18] Z. B. Ladung während der Nacht oder bei niedriger Netzlast.

der eigentlichen Fahrt werden die Fahrtdaten mit einem Server abgeglichen und so allen Nutzern zur Verfügung gestellt. Ist das Ziel nicht erreichbar, werden die bekannten Ladesäulen im Navigationsdisplay angezeigt. Nicht bekannte Ladesäulen können in eine lernende Datenbank integriert werden. Sollte auf der Strecke eine unerwartete Verzögerung vorliegen, wird prognostiziert, ob das Ziel unter Einbeziehung der verfügbaren Ladesäulen überhaupt noch erreicht werden kann.

In [85] wird ein Ansatz zur modellbasierten prädiktiven Regelung der Betriebsstrategie eines hybridisierten Fahrzeugs vorgestellt. Durch die modellbasierte Regelung wird der Kraftstoffverbrauch minimiert, indem das Drehmoment der E-Maschine und die Aufteilung der Heizleistung zwischen PTC-Element und Heizungswärmeübertrager vorgegeben werden. Dazu wird in Abständen von $0,1$ s der vollständige Verlauf der noch folgenden Fahrt mit einem High-Speed-Modell optimiert. Die dabei identifizierten Regelparameter werden in den gleichen Zeitabständen der komplexen Gesamtfahrzeugsimulation aufgeprägt. Gegenüber der dargestellten Regelung über Fuzzy-Logik ändert sich die Betriebsstrategie erheblich, was den Kraftstoffverbrauch sinken lässt.

Die Literaturrecherche zeigt hier, dass es für das Elektrofahrzeug zwar Ansätze für ein vorausschauendes Energiemanagement gibt, allerdings sehen diese keine aktive Regelung der Reichweite vor. Im Rahmen dieser Arbeit wird eine Regelung entwickelt, die in der Lage ist die Reichweite des BEFs zu erhöhen, falls das Fahrziel unter den gegeben Bedingungen nicht erreichbar ist.

2.2.4 Numerische Methoden im Thermomanagement auf Systemebene

Soll das Gesamtsystem Fahrzeug simuliert werden, gibt es am Markt eine Vielzahl von Softwarelösungen zur Lösung der Gleichungen für die Energie- und Wärmebilanz. Grundsätzlich gibt es zwei verschiedene Lösungsansätze: Es kann entweder ein Multi Domain Solver verwendet werden oder das Problem kann auf zwei oder mehrere Solver aufgeteilt werden. Im letzteren Fall wird von einer Co-Simulation gesprochen. Beispiele für Multi Domain Solver sind KULI von MAGNA POWERTRAIN, GT-Suite von Gamma Technologies, ViF ICOS, und LMS Imagine.Lab AMESim. Letztgenannte basiert auf der Sprache Modelica wie auch andere Simulatoren: Dymola, 20-Sim, Mosilab, OpenModelica und SimulationX. Am Institut für Verbrennungsmotoren und Kraftfahrwesen (IVK) der Universität Stuttgart wurde die Simulationsplattform TheFaMoS (Thermisches Fahrzeug-Modell Stuttgart) entwickelt, um das Gesamtsystem Fahrzeug thermisch und energetisch optimieren zu können. Im Laufe der Jahre wurde das in Matlab / Simulink implemetierte energetische Fahrzeugmodell mit verschiedenen Solvern gekoppelt, um die Fluidkreisläufe und deren Wärmeübertragung zu berechnen.

Im von Genger und Weinrich bearbeiteten FVV Vorhaben „Optimiertes Thermomanagement" [86] wurde das Fahrzeugmodell entwickelt und mit Flowmaster gekoppelt. Das Folgevorhaben „Prognose Thermomanagement" [87] von Stotz und Stegmann hat das Modell um zwei weitere Motorenkonzepte und ein Automatikgetriebe erweitert sowie validiert. Im Projekt e-generation wurde das Fahrzeugmodell mit KULI gekoppelt [88]. Für die vorliegende Arbeit erfolgte die Kopplung mit GT-SUITE ® [89] von Gamma Technologies. Darüber hinaus ist das Fahrzeugmodell hier so erweitert worden, dass auch BEF damit berechnet werden können. Insbesondere erfolgte die Erweiterung um den elektrischen Antriebsstrang und eine Wärmepumpe. Mit diesem Fahrzeugmodell soll unter anderem untersucht werden, welche Potenziale sich durch Optimierung des Thermomanagements realisieren lassen.

3 Modellierung und Validierung

Im Rahmen der vorliegenden Arbeit wird ein BEF mit der Hilfe einer Gesamtfahrzeugsimulation untersucht. Der Fokus der Untersuchung liegt auf dem Energie- und Thermomanagement des Fahrzeugs. Zunächst werden das untersuchte Fahrzeug und die untersuchten Zyklen und Randbedingungen erörtert. Anschließend wird das Simulationsmodell für die Gesamtfahrzeugsimulation diskutiert. Darüber hinaus werden einige Erweiterungen des Modells vorgestellt, die für einige der Optimierungen erforderlich sind. Dabei wird genauer auf das eigens entwickelte Batteriemodell sowie Motor- und Leistungselektronikmodell eingegangen. Das Batteriemodell wird thermisch und elektrisch validiert, Motor- und Leistungselektronikmodell jeweils thermisch. Für die Auswertung der Ergebnisse wird eine Geschwindigkeits-Kennzahl entwickelt, die ausdrückt, ob durch eine schnelle oder langsamere Fahrt bei den gegebenen Bedingungen eine größere Reichweite möglich ist.

3.1 Untersuchtes Fahrzeug

Für die Auswahl eines geeigneten Fahrzeugkonzepts für ein BEF wird zunächst ein Vergleich durchgeführt. Verwendet wird der Datensatz des Mercedes-Benz W204 C350 aus [87]. Berechnet wird die relative Reichweite[1] jeweils bei konstanter Geschwindigkeit. In der Simulationsumgebung ist das Fahrzeug mit einer Asynchronmaschine ausgestattet. Verglichen wird die resultierende relative Reichweite mit elektrischem Antrieb mit der relativen Reichweite bei einem auf 50% verkleinerten Verbrennungsmotor. Die Fahrzeugparameter sind in beiden Rechnungen konstant. Die so ermittelten relativen Reichweiten sind in Abbildung 3 dargestellt.

Der zur Bewältigung der Fahraufgabe benötigte Energiebedarf steigt mit einer quadratischen Funktion über der Fahrgeschwindigkeit an. Um den tatsächlichen Energiebedarf, der aus dem Speicher[2] abgerufen wird, zu identifizieren, wird der benötigte Energiebedarf mit dem Systemwirkungsgrad für die jeweilige Geschwindigkeit gewichtet. Zur Erleichterung der Vergleichbarkeit sind die Ergebnisse zusätzlich energetisch so skaliert, dass sich jeweils eine maximale relative Reichweite von 1 einstellt.

---

[1] Damit ist die Reichweite bei konstanter Geschwindigkeit bezogen auf die maximale Reichweite bei Konstantfahrt gemeint.

[2] Hier Batterie bzw. Kraftstofftank.

Es zeigt sich, dass das elektrisch angetriebene Fahrzeug im unteren Geschwindigkeitsbereich bis etwa 20 km/h das verbrennungsmotorisch angetriebene Fahrzeug in der erzielbaren Reichweite deutlich übertrifft. Bei höheren Geschwindigkeiten nimmt der Systemwirkungsgrad des verbrennungsmotorisch angetriebenen Fahrzeugs überproportional zum Energiebedarf zu. Ab circa 40 km/h ist der ansteigende Energiebedarf dominant. Aus Abbildung 3 folgt, dass elektrisch angetriebene Fahrzeuge idealerweise bei niedrigen Geschwindigkeiten eingesetzt werden. Wird zusätzlich berücksichtigt, dass durch ein BEF ein lokal emissionsfreies Fahren möglich ist, ist ein urbaner Einsatz aufgrund der zunehmenden Urbanisierung [90] sinnvoll. Für die numerischen Untersuchungen wurde deshalb ein Mittelklassefahrzeug mit urbanem Nutzungsprofil gewählt. Bei dem untersuchten Fahrzeug handelt es sich nicht um ein reales Fahrzeug, sondern um ein generisches Modell. Das Fahrzeug ist bezüglich seiner technischen Daten an ein Fahrzeug der Mittelklasse angelehnt. Die wichtigsten Fahrzeugdaten sind in Tabelle 10 im Anhang zusammengefasst. Das Fahrzeug verfügt über einen Zentralantrieb mit einer angetriebenen Achse.

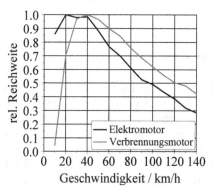

Abbildung 3:   Relative Reichweite für ein Mittelklassefahrzeug in Abhängigkeit der Geschwindigkeit bei Konstantfahrt und der Antriebsform

3.1.1   Konfigurationen

Die Untersuchung der Optimierungspotenziale erfolgt mit unterschiedlichen Konfigurationen des Thermomanagementsystems. So wird gezeigt, welche Systemkonfiguration für das identifizierte Potenzial erforderlich ist. Die umfangreichste Konfiguration ist in Abbildung 4 dargestellt. Die weiteren Konfigurationen leiten sich aus dieser durch das Weglassen von Komponenten ab. Eine Übersicht der Konfigurationen und der Funktionen ist in Tabelle 3 dargestellt. Im Anhang finden sich die grafischen Darstellungen dieser Konfigurationen.

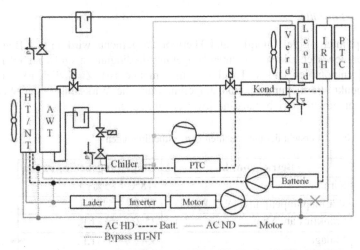

Abbildung 4: Thermomanagementsystem des Fahrzeuges bei der Konfiguration mit Wärmepumpe (Standardkonfiguration)

Tabelle 3: Übersicht der Konfigurationen des Thermomanagementsystems und deren Funktionen

Konfiguration	Funktionen
Ohne AC	Motor, Ladegerät, Inverter und Batterie wassergekühlt (keine aktive Heizung oder Kühlung der Batterie) Heizung des Innenraums nur über PTC
Ohne Chiller	Motor, Ladegerät, Inverter und Batterie wassergekühlt (keine aktive Kühlung der Batterie) Heizung des Innenraums über PTC und IRH, Kühlung über Klimaanlage
Mit Chiller	Motor, Ladegerät, Inverter und Batterie wassergekühlt (mit aktiver Heizung und Kühlung der Batterie) Heizung des Innenraums über PTC und IRH, Kühlung über Klimaanlage
Mit Wärmepumpe	Motor, Ladegerät, Inverter und Batterie wassergekühlt (mit aktiver Heizung und Kühlung der Batterie über Wärmepumpe) Heizung des Innenraums über PTC, Wärmepumpe und IRH, Kühlung über Klimaanlage

3.1.2   Lastfälle

Die Optimierung des Energie- und Thermomanagements wird an vier Betriebspunkten bewertet. Die untersuchten Umgebungsbedingungen sind aus DIN 1946-3 [69] entnommen und in Tabelle 4 zusammengefasst. Zusätzlich ist der Betriebspunkt Wärmepumpenpunkt eingeführt, um die Wirksamkeit der Wärmepumpe an einem Betriebspunkt nachweisen zu können.

Tabelle 4:   Übersicht der untersuchten Umweltbedingungen

Betriebspunkt	Umgebungsbedingungen
Kiruna	-18°C / 85% r.F.
Wärmepumpenpunkt (WP-Punkt)	10°C / 85% r.F.
Frankfurt am Main	25°C / 55% r.F.
Málaga	35°C / 40% r.F.

Neben den Umgebungsbedingungen werden auch die zu befahrenden Strecken variiert. Dazu wird auf genormte Zertifizierungszyklen[3] sowie einen Zyklus[4] des FKFS [91] zurückgegriffen.

3.2   Modellierung des Fahrzeugs

Das in Kapitel 2.2.4 erwähnte Modell TheFaMoS stellt das Kernstück des Simulationsmodells des BEFs dar. Da beim BEF andere Schwerpunkte beim Thermomanagement gelegt werden müssen, war die Erweiterung um die AC-Simulation sowie die Einbindung eines Innenraummodells unabdingbar.

3.2.1   Gekoppeltes Simulationsmodell

Das Modell, das hier benutzt wird, um das batterieelektrische Fahrzeug zu simulieren ist in der Form einer Co-Simulation aufgebaut. Bei dem Modell, wie es ursprünglich entwickelt wurde, handelt es sich um ein rückwärts rechnendes Verfahren, d. h. es werden ein Geschwindigkeits- und Steigungsverlauf vorgegeben und nicht eine Fahrpedalstellung. Da das untersuchte Fahrzeug im Vergleich zu den Fahrzeugen aus den in 2.2.4 genannten Vorgängervorhaben schwächer motorisiert ist, war es erforderlich, Lastanforderungen zu verhindern, die ober-

---

[3] CADC (Common Arthemis Driving Cycle) (Rural), NEFZ (Neuer Europäischer Fahrzyklus), NYCC (New York City Cycle)
[4] FKFS Zyklus, bildet eine Fahrt durch und um Stuttgart ab

halb der Volllastlinie des Antriebs liegen. Obwohl es sich um ein rückwärts rechnendes Verfahren handelt, verfügt das Modell deshalb über ein einfaches Fahrermodell. Im Simulationstool wird auf Basis der „Hauptgleichung des Kraftfahrzeugs" nach Wiedemann (siehe (Gl. 3.1)) die für den derzeitigen Fahrzustand erforderliche Antriebsleistung des Motors berechnet [92]:

$$P_e = P_{VT} + P_S + P_R + P_{LW} + P_{St} + P_a \qquad \text{(Gl. 3.1)}$$

Darin sind P_e die effektive Motorleistung, P_{VT} die Verlustleistung des Antriebsstrangs, P_S die Schlupfwiderstandsleistung, P_R die Rollwiderstandsleistung, P_{LW} die Luft-widerstandsleistung, P_{St} die Steigleistung und P_a die Beschleunigungsleistung. Mit Hilfe von Fahrzeugparameter wie Masse, Stirnfläche, Luftwiderstandsbeiwert, Rollwiderstandsbeiwert, dynamischer Radhalbmesser, Getriebeübersetzung, Reifenschlupf und anderen lässt sich aus dem momentanen Fahrzustand die dafür nötige Kreisfrequenz des Motors ω_M berechnen. Über den Zusammenhang

$$P_e = M_M \cdot \omega_M \qquad \text{(Gl. 3.2)}$$

wird das nötige Motor-Drehmoment M_M errechnet. Eingangsgrößen des Motormodells sind Drehzahl und Drehmoment. In Abhängigkeit dieser Parameter wird die Verlustleistung der Elektromaschine bestimmt. Über die von der Leistungselektronik bereitzustellende Leistung wird der Wirkungsgrad der Leistungselektronik und damit deren Verlustleistung berechnet. Die Leistungsaufnahme der Leistungselektronik wird zu den sonstigen elektrischen Verbrauchern[5] addiert und entspricht dem, was die Batterie zur Verfügung stellen bzw. bei der Rekuperation aufnehmen muss. Aus der geforderten Leistung und dem Zustand der Batterie des vorherigen Zeitschritts wird deren Verlustleistung berechnet. Zusätzlich zu diesen Berechnungen werden im Matlab / Simulink Teil des Modells die Regelungs- und Steuerungsaufgaben, siehe Kapitel 3.2.6, übernommen. Die bestimmten Größen werden an den thermo-hydraulischen-Solver übergeben, siehe Abbildung 5.

Der thermo-hydraulische-Solver, hier: GT-Suite, berechnet die Temperaturen der einzelnen Komponenten und die Leistungsaufnahme der elektrisch angetriebenen Elemente auf Basis des zugrunde liegenden thermischen Modells und der durch Matlab aufgeprägten Randbedingungen. Modelliert wird das thermische Netz durch fünf gekoppelte Fluidkreisläufe. Es wird je ein Flüssigkeitskreislauf für Batterie- und Motorkühlung verwendet. Ein Luftpfad bedient das Kühlerpaket im Frontend und ein zweiter das Klimamodul und den Innenraum.

---

5 Hauptsächlich Elektrischer Kältemittelverdichter, elektrische Kühlmittelpumpen, elektrische Gebläse, Lampen und Leuchten.

Des Weiteren ist ein Kältekreis vorhanden, mit dem der Betrieb der Wärmepumpe berechnet wird. Die beiden Teilmodelle Matlab/Simulink und GT-Suite werden über Schnittstellenvariablen miteinander gekoppelt. Diese sind in im Anhang in Tabelle 11 dargestellt. Die Ergebnisse der beiden Solver werden immer nach einer Sekunde an den jeweils anderen Solver übertragen.

Abbildung 5:   Aufbau des gekoppelten Simulationsmodells

3.2.2   Fahrermodell

Bei rückwärts rechnenden Modellen wird im Regelfall ein Geschwindigkeits- und Steigungsverlauf vorgegeben, dem das Fahrzeug zu folgen hat. Dabei kann es vorkommen, dass eine Leistung vom Motor gefordert wird, die dieser gar nicht aufbringen kann. In der Folge kommt es bei den Ergebnissen der Simulation zu erheblichen Unzulänglichkeiten, da entweder der Wirkungsgrad des Motors für diesen Betriebspunkt extrapoliert werden muss oder das Drehmoment begrenzt wird. Im ersten Fall wird der Motor zu viel Leistung mit einem nicht realitätsnahen Wirkungsgrad abgeben, im zweiten Fall erreicht das Fahrzeug den Zustand, ohne die nötige Energie dafür aufzubringen. Beide Fälle sind nicht zulässig und müssen vermieden werden. Im vorliegenden Fall ist das rückwärtsrechnende Verfahren mit einem Fahrermodell versehen, wie es im Regelfall nur bei vorwärtsrechnenden Verfahren eingesetzt wird.

Aufgrund der abweichenden Topologie des Simulationsmodells wird kein Fahrermodell aus einem Vorwärtsmodell verwendet, das die Fahrpedalstellung auf Basis einer Geschwindigkeitsvorgabe regelt. Es kommt ein Modul zum Einsatz, das auf die spezifische Anwendung abgestimmt ist. Das Fahrermodell ist als einfacher PID-Regler umgesetzt, der die Beschleunigung so regelt, dass Ist- und Sollgeschwindigkeit möglichst übereinstimmen. Es wird nicht versucht, damit das Verhalten eines realen Fahrers abzubilden. Entscheidend ist, dass durch das

Fahrermodell die unzulässig hohen Antriebsleistungen abgefangen werden. Dazu wird neben der Ist- und Sollgeschwindigkeit die momentane Überschusszugkraft benötigt. Diese lässt sich aus dem aktuellen und dem Volllastdrehmoment bestimmen. Für die Bestimmung des aktuellen Motormoments verfügt das Fahrermodell selbst über ein vereinfachtes Fahrzeugmodell, um eine algebraische Schleife zu verhindern. Die damit identifizierte Überschusszugkraft wird verwendet, um die maximale zusätzliche Beschleunigung zu bestimmen. Diese Beschleunigung begrenzt den Stellbereich des Reglers. Durch diese Vorgehensweise kann auch ein Geschwindigkeitssprung vorgegeben werden, ohne dass daraus ein unzulässiger Betriebspunkt resultiert.

3.2.3 Batteriemodell

Für die numerischen Untersuchungen wird ein mathematisch-physikalisches Modell einer Einzelzelle verwendet, womit das Verhalten der Gesamtbatterie extrapoliert wird. Hier wird ein auf elektrischen Ersatzschaltkreisen basierendes Modell verwendet. Je nach gewünschter Modellierungstiefe wird die ideale Spannungsquelle und ihr Innenwiderstand mit null bis drei RC-Gliedern kombiniert. Das Ersatzschaltbild für das Modell R3RC ist in Abbildung 6 gegeben. Die Ersatzschaltbilder der anderen Modelle lassen sich durch Weglassen von RC Gliedern ableiten.

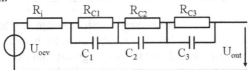

Abbildung 6:   Ersatzschaltbild des Modells R3RC

Es handelt sich damit um ein theveninbasiertes Modell, wobei allerdings die Parameter vom jeweiligen Betriebspunkt[6] abhängig sind. Der Ladezustand der Batterie wird über ein Stromintegral berechnet. Somit sind Aussagen zur Laufzeit möglich. Die Ruhespannung bei der hier verwendeten LiFePO$_4$-Chemie hat eine Hysterese. Auch dies wird vom Modell abgebildet. Die nötigen Daten zur Bezifferung der Parameter des Modells werden auf dem Zellprüfstand [93] erhoben.

Wie in Kapitel 2.1.5 dargestellt, eignen sich Thevenin Modelle nur bedingt für konstante Ladungen und Entladungen. Da jedoch beim BEF, speziell beim Laden, konstante Ströme anliegen können, ist das Batteriemodell um ein Modul erweitert, das die Klemmspannung bei konstanten Strömen zuverlässig vorhersagen kann. Dabei handelt es sich um ein mathematisches Modell, das mit gemes-

---

[6] Temperatur, Ladezustand, Strom und Stromrichtung

senen Lade- und Entladekurven abgestimmt wird. Ein Algorithmus entscheidet in Abhängigkeit des Stromprofils, welche Spannungsvorhersage verwendet wird. Dadurch wird gewährleistet, dass während der Zyklussimulation und Konstantstromladungen das Thevenin Modell und während Entladungen und Konstantspannungsladungen das mathematische Modell verwendet wird. Das Umschalten der Modelle erfolgt mit einem Übergang. Hier wird die Spannungsdifferenz zwischen beiden Modellen mit einem Sinussignal multipliziert. Auf die normale Zyklussimulation hat dieses Modul keine Auswirkung, lediglich beim Laden und Entladen verbessert es die Genauigkeit der Spannungsvorhersage.

Sofern nicht anders bezeichnet, beziehen sich alle Aussagen dieser Arbeit auf eine kommerziell verfügbare 20 Ah LiFePO$_4$ Pouch Zelle (Zelle 1). Alle im Laufe der Arbeit vermessenen und verwendeten Zellen sind in Tabelle 5 mit ihren wichtigsten Daten zusammengefasst.

Tabelle 5:   Untersuchte Zellen

Name	Nennspannung / V	Nennkapazität / Ah	Chemie	Aufbau
Zelle 1	3,3	20	LiFePO$_4$	Pouch
Zelle 2	3,2	18	LiFePO$_4$	Rundzelle
Zelle 3	3,7	5,6	LiCo	Pouch

Die Umgebung für die Vermessung einzelner Zellen verfügt über die Möglichkeit, die zu prüfende Zelle mit bis zu 240 A zu laden bzw. zu entladen. Dabei ist jedoch der Spannungsbereich auf 0 – 6 V begrenzt. Bei den Versuchen befindet sich die Zelle in einem temperaturgeregeltem Prüfraum, in dem die Temperatur zwischen -40°C und 180°C eingestellt werden kann.

Das Ziel der Messung ist es die Sprungantwort der Zelle zu erfassen. Dabei sind Ladezustände, Temperaturen und Ströme eindeutig definiert. Durch die geregelte Umgebungstemperatur und kurze Pulsdauern kann die Temperatur als Einflussgröße über eine Messung vernachlässigt werden. Die Ströme werden von der Versuchsumgebung aufgeprägt und mit einer Genauigkeit von 0,05% vom Skalenendwert [94] gemessen. Zur Einstellung eines definierten Ladezustands müssen zum einen die Nennkapazität und zum anderen der Start-SoC bekannt sein. Der Start-SoC wird über die Ladung bzw. Entladung unter Normbedingungen eingestellt. Die Kapazität wird durch wiederholtes Laden und Entladen unter Normbedingungen identifiziert.

Nachdem der Startzustand eingestellt ist, wird der Ladezustand in gewähl-ten Stufen[7] durchfahren. Auf jeder SoC-Stufe werden Strompulse aufgeprägt. Für eine neutrale Ladungsbilanz wird die gleiche Ladungsmenge in den Lade-pulsen wie in den Entladepulsen umgesetzt. Die zeitlichen Abstände zwischen SoC Anpassungen und Strompulsen sowie zwischen den Strompulsen selbst sollten in der Größenordnung von mindestens 20-30 Minuten liegen, um eine konstante Spannung an den Klemmen zu erhalten sowie eine belastungsbedingte Temperaturänderung der Zelle abklingen zu lassen. Dieser Ablauf wird für meh-rere Temperauren im erwarteten Betriebsbereich durchgeführt.

Zur Auswertung der Sprungantworten werden die Daten zu Spannung und Strom abgespeichert. Nach der Identifikation des Startpunkts wird für jeden Strompuls der Ladezustand bestimmt. Im Anschluss daran werden für jeden Puls die Parameter der Differenzialgleichung der Klemmspannung der Batterie (Gl. 3.3) durch eine Optimierung identifiziert. In der Differenzialgleichung (Gl. 3.3) ist U die Klemmspannung, U_{OCV} die Leerlaufspannung und $R_i \cdot$ $\left(I - C_i \frac{dU_{Ci}}{dt} \right)$ die Spannung am i-ten RC-Glied, die sich aus dem Widerstand R_i, dem Strom I, der Kapazität C_i und der zeitlichen Ableitung der Spannung am Kondensator $\frac{dU_{Ci}}{dt}$ zusammensetzt. Dabei werden die Parameter so identifiziert, dass die Summe der Fehlerquadrate zwischen Simulation und Messung mini-miert werden. Die bei der Optimierung identifizierten Daten werden als Kenn-felder ins Modell eingefügt.

$$U = U_{OCV} + R_1 \cdot \left(I - C_1 \frac{dU_{C1}}{dt} \right) + R_2 \cdot \left(I - C_2 \frac{dU_{C2}}{dt} \right) + R_3 \cdot \left(I - C_3 \frac{dU_{C3}}{dt} \right)$$
$$\text{(Gl. 3.3)}$$

Die Differenzialgleichung (Gl. 3.3) ist für konstanten Strom analytisch lösbar (Gl. 3.4). Da im Laufe der Optimierung für die Differenzialgleichung für jeden Parametersatz eine neue numerische Lösung von Gl. 3.3 berechnet werden muss, ist es theoretisch sinnvoll, statt der numerischen Lösung die analytische Lösung (Gl. 3.4) zu verwenden. Ein Vergleich der Ergebnisse zeigt, dass bei einer nume-rischen Lösung bessere Ergebnisse möglich sind. Der Grund hierfür liegt in der Dauer des Pulses. Die analytische Lösung kann nur für konstanten Stromfluss verwendet werden, also nur während des Strompulses. Da dieser relativ kurz ist, werden die größeren Zeitkonstanten nicht richtig bestimmt. Wird der numerische Ansatz verwendet, kann ein Teil der Phase nach dem Strompuls, hier als Warte-zeit bezeichnet, mitverwendet werden. Dadurch lassen sich die größeren Zeit-konstanten zuverlässig identifizieren. In Abbildung 7 ist ein exemplarischer

---

[7] Im Rahmen der vorliegenden Untersuchungen wurden Schrittweiten von 10% SoC und 5% SoC verwendet.

Verlauf der Zeitkonstanten der RC-Glieder über der verwendeten Wartezeit[8] dargestellt. Die Lösung mit einer Wartezeit von 0 s entspricht dabei der analytischen Lösung der Differenzialgleichung. Da die Zeitkonstanten des Batteriemodells erheblich von der bei der Optimierung verwendeten Wartezeit abhängen, ist es unbedingt erforderlich, dass die Wartezeit bei der Optimierung der Parameter mit verwendet wird. Oberhalb einer Wartezeit von 200 s ändern sich die beiden Parameter nicht mehr nennenswert. Bei dem dargestellten Wert der ersten Zeitkonstanten (τ_1) von ca. 40 s entspricht das dem Fünffachen der Zeitkonstanten. In der Elektrotechnik wird dies als die Dauer angesehen, die benötigt wird, um einen Kondensator vollständig zu laden. Da die zu erwartenden Zeitkonstanten bis ca. 60 s betragen, werden die Parameter mit einer Wartezeit von 300 s identifiziert.

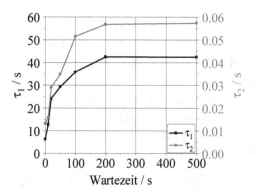

Abbildung 7:   Verlauf der Zeitkonstanten τ_1 und τ_2 über der verwendeten Wartezeit bei der Parameterfindung

$$U = U_{OCV} + I \cdot R_1 \cdot \left(1 - e^{\frac{-t}{R_1 \cdot C_1}}\right) + I \cdot R_2 \cdot \left(1 - e^{\frac{-t}{R_2 \cdot C_2}}\right) + I \cdot R_3 \cdot \left(1 - e^{\frac{-t}{R_3 \cdot C_3}}\right)$$

(Gl. 3.4)

In der Gleichung 3.4 ist U die Klemmspannung, U_{OCV} die Leerlaufspannung und $I \cdot R_i \cdot \left(1 - e^{\frac{-t}{R_i \cdot C_i}}\right)$ die Spannung am i-ten RC-Glied, die sich aus dem Widerstand R_i, dem Strom I, der Kapazität C_i und der Zeit t zusammensetzt. In der Differenzialgleichung (Gl. 3.3) und der Gleichung 3.4 ist die ideale Leerlaufspannung der Zelle (U_{OCV}) als konstant angenommen. Bei der konventionellen Vorgehensweise der Parameteridentifikation wird während des gesamten Pulses, der der Optimierung zugrunde liegt, die Leerlaufspannung der Zelle als konstant

---

[8] Mit Wartezeit ist hier die Zeit nach dem eigentlichen Strompuls gemeint, die für die Parameteridentifikation mit verwendet wird.

angenommen. Allerdings wird auch bei sehr kurzen Pulsdauern der Ladezustand (SoC) der Batterie verändert. In Abhängigkeit der gewählten Chemie der Zelle hängt die Leerlaufspannung mehr oder weniger stark vom SoC ab. Bei der Messung macht sich diese Abhängigkeit dadurch bemerkbar, dass die Spannung der Zelle nach dem Puls gegen einen Grenzwert tendiert, der nicht dem Wert vor dem Puls entspricht. Da im Modell bei der Simulation eines Strompulses für jeden Zeitschritt die ideale Leerlaufspannung angepasst wird, liegt der Schluss nahe, auch bei der Identifikation der Modellparameter dies mit abzubilden. Dabei wird vereinfachend angenommen, dass sich die ideale Leerlaufspannung über der kurzen Pulsdauer linear ändert.

Bei steilen OCV-Kurven, also einem hohen Wert von $\frac{dU_{OCV}}{dSoC}$, unterscheiden sich die Leerlaufspannungen unmittelbar vor und einige Zeit nach dem Puls relativ stark. Bei der Optimierung ohne OCV Anpassung versucht der Algorithmus, diesen Unterschied durch eine Erhöhung der Zeitkonstante zu kompensieren, was allerdings die Simulationsqualität deutlich reduziert. Durch die Verwendung einer variablen OCV bei der Parameteridentifikation wird dem Algorithmus geholfen, die richtigen Werte zu finden. Auch bei flachen OCV-Kurven, wie etwa bei der LiFePO$_4$-Chemie, wo die Unterschiede gering sind, ist ein Einfluss auf die Simulationsgüte festzustellen. Detaillierte Untersuchungen haben bestätigt, dass die Anpassung der OCV die Simulationsqualität verbessert [93].

Im Rahmen der vorliegenden Untersuchungen sind die Alterung der Batterie sowie deren Auswirkung auf Kapazität und Widerstand abgebildet. Damit lässt sich der gewünschte Effekt der Abbildung des Effekts der Alterung auf das Thermomanagement abbilden. Die Daten zur zyklischen sowie kalendarischen Alterung stammen aus [95]. Daraus kann die Kapazitätsänderung $\Delta C_{zyklisch}$ über die Anzahl der Zyklen n_{cyc} einfach identifiziert werden:

$$\Delta C_{zyklisch} = 1 - \exp\left(-0,0004 \cdot n_{cyc}^{0,7}\right) \qquad (Gl.\ 3.5)$$

Die Übereinstimmung zwischen den Messdaten und dem Parameterfit (Gl. 3.5) sind in Abbildung 8 ersichtlich. Es ist zu erkennen, dass die Abweichungen weniger als 0,5% betragen. Aus diesem Grund wird statt einer Interpolation der gegebenen Messdaten der Kapazitätsverlust über den Parameterfit (Gl. 3.5) beschrieben.

Die kalendarische Alterung ist neben der Zeit auch eine Funktion der Temperatur. Da die Temperatur der Batterie über die Lebensdauer nicht konstant ist und eine Absicherung gegen die maximal auftretenden Temperaturen nicht sinnvoll erscheint, wird hier eine Schadensakkumulation angesetzt. Diese ist vergleichbar mit der mechanischen Betriebsfestigkeitsanalyse (Palmgren-Miner-Regel) [96]. Allerdings können hier die einzelnen Anteile nicht linear addiert werden. Der Grund hierfür liegt in der Tatsache, dass der Kapazitätsverlust für eine feste Temperatur näherungsweise logarithmisch über der Zeit anwächst. Als Fallbeispiel für Abbildung 9 wird angenommen, eine Zelle werde bei den gegebenen Temperaturen je 1000 Tage gelagert. Würden einfach die Kapazitätsverluste addiert, entstünde ein viel zu großer Wert für den Kapazitätsverlust. Deshalb wird zunächst der Kapazitätsverlust für die niedrigste Temperatur berechnet. In dem in Abbildung 9 dargestellten Beispiel war die Zelle bei 20°C für 1000 Tage gelagert. Im nächsten Schritt wird dieser Kapazitätsverlust in eine Lagerdauer bei der nächst höheren Temperatur umgerechnet. Ausgehend von diesem neuen Punkt (22°C, 628 Tage, 3,54% Kapazitätsverlust) wird die Lagerdauer bei dieser Temperatur addiert (hier: 22°C, 1000 Tage). Der Vorgang wird so lange wiederholt, bis die höchste Temperatur des angegebenen Histogramms berechnet wurde. Der letzte Wert entspricht dem kalendarischen Kapazitätsverlust.

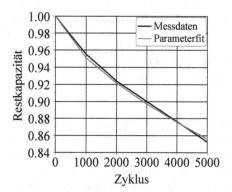

Abbildung 8:   Restkapazität über der Zykluszahl für eine LiFePO$_4$ Zelle (Messdaten aus [95])

Es wird angenommen, dass die Kapazitätsänderung aus der kalendarischen Alterung mit der aus der zyklischen superponiert werden kann. Damit folgt die Restkapazität der Batterie nach der gegeben Anzahl von Zyklen, innerhalb der gegebenen Lebensdauer bei dem mittleren Temperaturprofil. Damit fehlt noch die Information über die Änderung der Widerstände, um das Verhalten der gealterten Batterie beschreiben zu können.

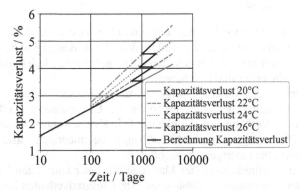

Abbildung 9: Kapazitätsverlust über der Zeit und Vorgehensweise zur Bestimmung des kalendarischen Kapazitätsverlusts bei mehreren Temperaturen

In Messungen der NASA [97] wurden vier kommerzielle 18650-Zellen einem Lebensdauerzyklus unterzogen. In regelmäßigen Abständen sind elektrochemische Impedanzspektroskopien durchgeführt worden. Aus diesen Daten können die Kapazitätsabnahme sowie die Widerstandsänderung über der Zykluszahl identifiziert werden. Um das Verhalten auf andere Zellen übertragen zu können, sind hier die Kapazitätsänderung sowie die Widerstände auf die Startbedingungen bezogen. Dadurch wird eine relative Widerstandsänderung durch eine relative Kapazitätsänderung ausgedrückt, siehe Abbildung 10. Ist die relative Kapazitätsänderung aus zyklischer und kalendarischer Alterung berechnet, wird der Zusammenhang aus Abbildung 10 verwendet, um die Faktoren für die elektrischen Parameter dem Modell aufzuprägen.

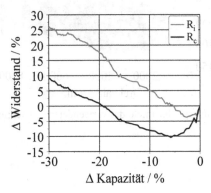

Abbildung 10: Relative Kapazitätsänderung über Kapazitätsänderung für eine 18650-Zelle (aus [97] berechnet)

3.2.4   Motormodell

Das Modell für die verwendete Asynchronmaschine besteht im Wesentlichen aus zwei Teilen: Zum einen ist das der Teil, in dem der Wirkungsgrad betriebspunkt-abhängig bestimmt wird und zum anderen das thermische Modell, das die Tem-peraturen der einzelnen Bereiche berechnet.

Die verwendete Maschine zeigt ein zu erwartendes Verhalten des Wir-kungsgrades bezüglich der Drehzahl sowie des Drehmoments [98,99]. Darge-stellt ist dieses Verhalten in Abbildung 11[9]. Klar erkennen lassen sich die schlechten Wirkungsgrade drehzahlunabhängig bei niedrigen Lasten und mo-mentunabhängig bei niedrigen Drehzahlen.

Bei Warmlaufmessungen der Maschine mit einer konstanten Last hat sich darüber hinaus ein temperaturabhängiges Wirkungsgradverhalten herausgestellt. In Abbildung 12 links ist der Wirkungsgrad des Motors über einen Temperatur-bereich von 20 K bei konstantem Drehmoment dargestellt. Es ist zu erkennen, dass mit steigender Temperatur der Statorwicklung der Wirkungsgrad sinkt, was auch in der Literatur gefunden wird [100,101]. Bei Betriebspunkten mit niedrige-rem Drehmoment hingegen ist ein entgegengesetztes Verhalten feststellbar. In Abbildung 12 rechts ist der Wirkungsgrad des Motors bei einem Betriebspunkt mit niedrigerem Drehmoment und höherer Drehzahl dargestellt. Hier steigt der Wirkungsgrad mit der Temperatur an.

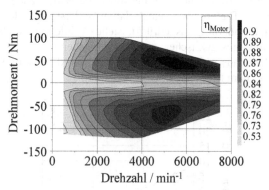

Abbildung 11:   Wirkungsgradkennfeld des verwendeten Asynchronmotors

---

[9] Basis für das Kennfeld sind 234 Messpunkte

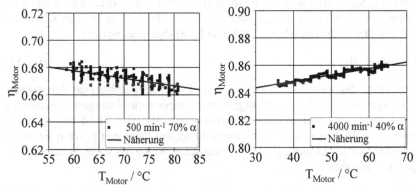

Abbildung 12: Temperaturabhängiges Wirkungsgradverhalten des Motors bei 500 min⁻¹ und 70% Volllast (links) sowie 4000 min⁻¹ und 40% Volllast (rechts)

Abbildung 13 zeigt die Betriebspunkte im Motorkennfeld, bei denen das Aufheizverhalten detailliert untersucht wurde. Des Weiteren sind zwei Bereiche in dem Kennfeld markiert, die beschreiben, in welchem Bereich sich ein positiver bzw. ein negativer Effekt der Temperatur auf den Wirkungsgrad einstellt. Generell kann beobachtet werden, dass der Wirkungsgrad der untersuchten Maschine bei niedrigen Drehzahlen und hohen Lasten mit steigender Temperatur niedriger wird. Bei niedrigen Lasten hingegen stellt sich mit steigender Temperatur eine Verbesserung des Wirkungsgrads ein.

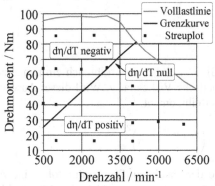

Abbildung 13:   Temperaturabhängiges Wirkungsgradverhalten des Motors im Kennfeld

Die Erhöhung bzw. die Verringerung des Wirkungsgrades ist auf gegenläufige Effekte zurückzuführen: Durch die Erhöhung der Temperatur wird der ohmsche Verlust in der Kupferwicklung größer [101,102], auch die Eisenverluste sowie die Streuverlauste werden größer [101]. Im Gegensatz dazu wird durch die höhere Temperatur die Lagerreibung reduziert. Dies kann aus der Gleichung (Gl. 3.6) des Reibmoments nach Palgrem [103] abgeleitet werden:

$$M = M_0 + M_1 \qquad \text{(Gl. 3.6)}$$

Hier ist M das Reibmoment des Lagers, M_0 das lastunabhängige Reibmoment des Lagers und M_1 das lastabhängige aber temperaturunabhängige Reibmoment des Lagers. Das lastunabhängige Reibmoment M_0 (Gl 3.7) ist abhängig von einem von der Lager- und Schmierart abhängigem Parameter f_0, dem Teilkreisdurchmesser des Lagers d_m, der kinematischen Viskosität ν des Schmierstoffes und der Drehzahl n.

$$M_0 = 10^{-7} \cdot f_0 \cdot d_m^3 \cdot (\nu \cdot n)^{2/3} \qquad \text{(Gl. 3.7)}$$

Um die Temperaturabhängigkeit von (Gl 3.7) darstellen zu können, wird zunächst ein Ausdruck für die Temperaturabhängigkeit der dynamischen Viskosität benötigt. Den Zusammenhang zwischen Temperatur und dynamischer Viskosität η gibt die Andrade-Gleichung (Gl. 3.8) [104] wieder:

$$\eta = \eta_0 \cdot e^{E_A/\mathcal{R} \cdot \vartheta} \qquad \text{(Gl. 3.8)}$$

Darin sind η_0 und E_A materialspezifische Konstanten, $\mathcal{R}$ die Gaskonstante und ϑ die absolute Temperatur. Zusätzlich wird der Zusammenhang (Gl. 3.9) zwischen der dynamischen Viskosität η, der kinematischen Viskosität ν und der Dichte ρ [105] benötigt:

$$\nu = \frac{\eta}{\rho} \qquad \text{(Gl. 3.9)}$$

Wird (Gl. 3.8) in (Gl. 3.9) eingesetzt ergibt sich ein temperaturabhängiger Ausdruck für die kinematische Viskosität ν. Wird dieser Ausdruck in (Gl. 3.7) eingesetzt, folgt für das Reibmoment:

$$M_0 = 10^{-7} \cdot f_0 \cdot d_m^3 \cdot \left(\frac{\eta_0 \cdot e^{E_A/\mathcal{R} \cdot \vartheta}}{\rho} \cdot n \right)^{2/3} \qquad \text{(Gl. 3.10)}$$

Für steigende Werte der absoluten Temperatur folgt eine Abnahme des Reibmoments. Damit sind zwei temperaturabhängige Effekte identifiziert, die sich auf den Wirkungsgrad des Motors auswirken. Offenbar dominiert einer der Effekte jeweils in Abhängigkeit des Betriebspunktes.

Für die Implementierung in das Simulationsmodell ist eine mathematische Näherungsfunktion des Sachverhalts identifiziert worden, siehe Gl. 3.11. Darin sind $\dfrac{\Delta\eta}{\eta_{Motor}}$ die Änderung des Wirkungsgrades bezogen auf den Wirkungsgrad, T_{Kern} die Kerntemperatur des Motors, n die Drehzahl des Motors, $|M|$ der Betrag des Motor-Drehmoments und $M_{max,n}$ das maximale Motor-Drehmoment für die gegebene Drehzahl. Die Gleichung drückt die Änderung des Wirkungsgrades in Bezug zum Wirkungsgrad bei 20°C als Funktion von Motortemperatur, Drehzahl und Moment aus. Die Vorhersagegenauigkeit lässt sich aus Abbildung 14 ablesen. Abgesehen von einem Punkt wird der Trend richtig wiedergegeben.

$$\frac{\Delta\eta}{\eta_{Motor}} = T_{Kern} \cdot \left(2{,}8711 \cdot 10^{-7} \cdot n - 0{,}0020 \cdot \frac{|M|}{M_{max,n}} + 0{,}00035293\right)$$

(Gl. 3.11)

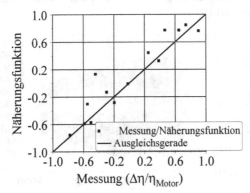

Abbildung 14: Vergleich zwischen Näherungsfunktion und Messung für temperaturabhängiges Wirkungsgradverhalten des Motors

Die zuverlässige Bestimmung des betriebspunktabhängigen Wirkungsgrades bildet die Basis für die thermische Modellierung. Das thermische Modell des Motors besteht aus zwei Wärmequellen, vier thermischen Massen, fünf Wärmeleitpfaden sowie zwei Wärmesenken. Es wird angenommen, dass die Wärme im Rotor sowie in den Statorwicklungen entsteht. Die Statorwicklungen sind über einen thermischen Widerstand mit dem Statoreisen verbunden. Dieses ist ebenfalls über einen thermischen Widerstand mit dem Gehäuse der Maschine verbunden. Mit dieser Stelle sind die beiden Wärmesenken verbunden. Hier bilden Wassermantel und Umgebung die beiden Wärmesenken. Der Rotor ist über den Wärmewiderstand der Lager sowie der Lagerschilder mit dem Statoreisen verbunden. Die Temperatur wird im Wicklungskern berechnet. Validiert wird das Modell in Kapitel 3.3.5.

3.2.5   Leistungselektronikmodell

Bei der Vermessung der Leistungselektronik, dem Inverter, ist neben dem dreh-
zahl- und drehmomentabhängigen Wirkungsgrad auch eine Abhängigkeit von
der Betriebsspannung festgestellt worden. Danach ist der Wirkungsgrad ist bei
einer niedrigeren Betriebsspannung höher. Eine Erhöhung der Betriebsspannung
um 20 V reduziert den Wirkungsgrad um durchschnittlich 1,7%. Hierbei wurden
nur Betriebspunkte verglichen, die bei beiden Primärspannungen angefahren
werden können. Es sind demnach Betriebspunkte verglichen, die dieselbe Sekundärspannung haben. Dadurch muss der Inverter im Fall der höheren Primärspannung die Sekundärspannung für die AC-Seite weiter absenken als im Fall
der niedrigeren Primärspannung. So wird der höhere Wirkungsgrad bei niedrigerer Primärspannung erklärt.

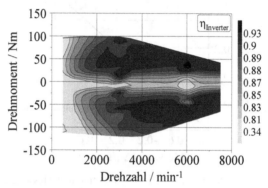

Abbildung 15:   Wirkungsgradkennfeld   der   verwendeten   Leistungselektronik   für
U=100 V

Das thermische Modell der Leistungselektronik besteht aus einer Wärmequelle, drei thermischen Massen, vier Wärmeleitpfaden sowie zwei Wärmesenken. Es wird davon ausgegangen, dass die Wärme in den Halbleiterelementen
entsteht. Von dort wird die Wärme an den Halbleiterträger geleitet. Wie in der
Messung wird die Temperatur im Bereich der Halbleiter erhoben. Der Halbleiterträger ist mit der Bodenplatte des Aluminiumgehäuses verschraubt. Dieses über-
trägt die Wärme an die Umgebung bzw. an den Wasserkühlmantel. Dieses Modell wird ebenfalls in Kapitel 3.3.5 validiert.

3.2.6   Regelung und Steuerung

Im Vergleich zum konventionellen Fahrzeug sind die Kühlmittelpumpe und der
Klimakompressor nicht fest mit der Kurbelwelle verbunden. Dadurch ergeben

sich neue Freiheitsgrade für Steuerung und Regelung. Sämtliche Steuerungs- und Regelungsaufgaben werden im Matlab-/ Simulink-Teil des Modells gelöst.

Der Regler für die Einstellung der Temperatur der Batterie, orientiert sich an der mittleren Batterietemperatur und der Temperaturdifferenz innerhalb der Batterie. In Abhängigkeit der Außentemperatur wird zum Kühlen der Batterie entweder der NT-Kühler oder der Chiller verwendet. Zum Heizen der Batterie wird der PTC, die Verbindung des Batteriekreislaufs zum Motorkreislauf oder die Wärmepumpe eingesetzt.

Der Regler für die Einstellung der Temperatur im Motorkreis reagiert auf zwei Sollgrößen: die Motortemperatur und die Temperatur der Leistungselektronik. Neben der Drehzahl der Flüssigkeitspumpe wird auch der Bypass des HT-Kühlers gesteuert. Die im Kreislauf verfügbare Wärme wird im Bedarfsfall durch den Klimaregler zur Heizung des Innenraums verwendet. Weiterhin besteht die Möglichkeit, den Batteriekreislauf mit dem Motorkreislauf zu koppeln, um Wärme effizient zwischen den Kreisläufen tauschen zu können.

Für die Bestimmung der Reichweite eines BEFs ist es unerlässlich, auch den Energiebedarf für die Klimatisierung der Kabine zu betrachten. Zur Vorhersage der Klimatisierungsleistung wird die Innenraumtemperatur auf die Wohlfühltemperatur aus DIN 1946-3 geregelt (siehe Kapitel 2.2.1). Diese umgebungstemperaturabhängige Temperatur wird von den meisten Probanden als angenehm empfunden. Der Klimaregler ist durch Modifikation der entsprechenden Stellgrößen in der Lage, die Passagierkabine zu heizen und zu kühlen. Zur Erfüllung der Heizfunktion stehen drei Wärmequellen zur Verfügung: Der Innenraumheizer, das PTC-Element sowie die Wärmepumpe. Der Innenraumheizer wird bei jeder Heizanforderung verwendet. Erwartungsgemäß reicht die verfügbare Wärme aus dem Motorkreislauf jedoch nicht aus, um den Innenraum mit der notwendigen Heizleistung zu versorgen. Ab einer Umgebungstemperatur von +10°C wird deshalb zum Heizen die Wärmepumpe verwendet; unterhalb dieser Temperatur das PTC-Element. Zur Erhöhung der Dynamik kann der Regler aber auch oberhalb von +10°C auf das PTC-Element zurückgreifen. Zur Kühlung des Innenraums wird bei hohen Außentemperaturen auf den Klimakreis zurückgegriffen, wobei die Drehzahl des Klimakompressors zur Regelung der Innenraumtemperatur verwendet wird.

3.2.7 Für Optimierungen nötige Erweiterungen

In diesem Kapitel werden Teilmodelle bzw. Voruntersuchungen vorgestellt, die nötig sind, um einige der in Kapitel 4 und Kapitel 5 dargestellten Optimierungen darstellen zu können. Hierfür wird zunächst eine optimierte Pumpenregelung beschrieben. Des Weiteren wird ein Modul vorgestellt, das eine Empfehlung für die Zieltemperatur des Elektromotors gibt. Es wird außerdem beschrieben, wie das Modell den zukünftigen Energiebedarf berechnet sowie die befahrene Strecke erkennen kann. Die Verbrauchsschätzung und Streckenerkennung sind elementare Bestandteile der sich anschließenden Reichweitenregelung. Für die Untersuchungen im Rahmen des prädiktiven Thermomanagements ist ein schnell rechnendes Modell des Fahrzeugs erforderlich, um die Rechendauer auf einem praktikablen Level zu halten.

Abgestimmte Pumpen und Lüfterregelung

Das Kühlsystem von Kraftfahrzeugen wird in der Regel für die höchstmögliche Belastung, wie beispielsweise die langsame Bergfahrt mit Anhänger im Hochsommer, ausgelegt. Deshalb ist die Kühlleistung für den Betrieb im Alltag deutlich überdimensioniert. 1997 wurde von Ambros et al. [106] eine Kühlsystemregelung beschrieben, bei der bei einer gegebenen Kühlmitteltemperatur die Leistungsaufnahme von Kühlmittelpumpe und Sauglüfter optimiert wurde. Dazu wurden eine mechanisch angetriebene Wasserpumpe sowie ein Viscolüfter verwendet. Auf der Ebene der Leistungsaufnahme des Sauglüfters und der Leistungsaufnahme der Wasserpumpe stellen die Isolinien der Kühlmitteltemperatur hyperbelähnliche Kurven dar. Die Isolinien der Gesamtleistungsaufnahme sind Geraden. Der Schnittpunkt der Tangenten konstanter Leistungsaufnahme mit der Isoline der Kühlmitteltemperatur stellt den optimalen Betriebspunkt für diese Kühlmitteltemperatur dar. Der Sachverhalt ist in Abbildung 16 dargestellt.

Diese Erkenntnisse können auch für das BEF angewendet werden, wobei die analytische Herangehensweise im vorliegenden Fall zielführender erscheint. Für den Anwendungsfall des BEFs geht es um die Entscheidung, ob für den momentanen Betriebspunkt die Drehzahl der elektrischen Wasserpumpe oder die Drehzahl des Sauglüfters verändert werden soll, um die Kühlleistung anzupassen. Dabei sollen die Drehzahlen so angepasst werden, dass die Leistungsaufnahme für die erforderliche Kühlleistung minimal ist.

Es wird ein Kennfeld des Wärmestroms $\dot{Q}$ eines Kühlers über dem Volumenstrom auf der Luftseite $\dot{V}_{12}$ und dem Volumenstrom auf der Kühlmittelseite $\dot{V}_{34}$ verwendet, siehe Abbildung 17. Ausgehend vom momentanen Betriebspunkt des Kühlers werden die partiellen Ableitungen $\frac{d\dot{Q}}{d\dot{V}_{12}}$ und $\frac{d\dot{Q}}{d\dot{V}_{34}}$ gebildet. Zusätzlich werden für die aktuellen Betriebspunkte von Lüfter und Kühlmittelpumpe die Ableitungen der Volumenströme nach der Antriebsleistung gebildet. Hier ergeben sich die beiden Werte $\frac{d\dot{V}_{12}}{d\dot{P}}$ und $\frac{d\dot{V}_{34}}{d\dot{P}}$. Werden die jeweils zusammen gehörenden partiellen Ableitungen miteinander multipliziert, ergibt sich für den Lüfter und die Kühlmittelpumpe ein Wert für $\frac{d\dot{Q}}{d\dot{P}}$. Dies kann als ein Ausdruck dafür genommen werden, in welchem Verhältnis die Erhöhung der Kühlleistung zu der Erhöhung der Leistungsaufnahme steht.

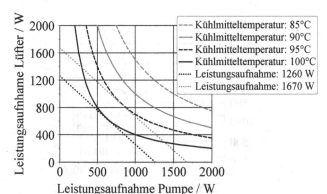

Abbildung 16: Kühlmitteltemperatur als Funktion der Leistungsaufnahmen von Kühlmittelpumpe und Lüfter, angelehnt an [106]

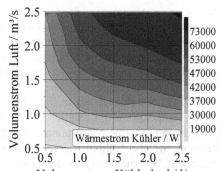

Abbildung 17: Übertragener Wärmestrom eines exemplarischen Kühlers in Abhängigkeit von Luft- und Kühlmittelvolumenstrom

Es ist energetisch sinnvoller, die Drehzahl der Komponente zu erhöhen, für die der Wert $\frac{d\dot{Q}}{d\dot{P}}$ größer ist, als die konventionelle Drehzahlsteuerung der Komponenten zu verwenden. In der praktischen Umsetzung ist der Regler für die Wasserpumpe der Master, da er die benötigte Kühlleistung vorgibt. Die Drehzahl am Sauglüfter wird in Abhängigkeit der Pumpendrehzahl und der Fahrtgeschwindigkeit nachgeregelt. Für jede Systemkonfiguration ergibt sich eine optimale Trajektorie. Die für das vorliegende System optimale Trajektorie ist für vier Fahrtgeschwindigkeiten in Abbildung 18 dargestellt.

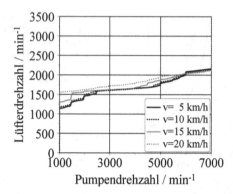

Abbildung 18:   Optimale Lüfterdrehzahl über der Pumpendrehzahl in Abhängigkeit der Fahrtgeschwindigkeit

Motortemperaturregelung

Da der Motorwirkungsgrad temperaturabhängig ist, birgt die Temperaturregelung des Motors Optimierungspotenzial. Zur Bestimmung der Potenziale wurden Simulationen mit konstant gehaltener Motortemperatur mit verschiedenen Zyklen durchgeführt. Der mittlere Wirkungsgrad bei der jeweiligen Temperatur ist in Abbildung 19 dargestellt.

In Abhängigkeit des Zyklus stellt sich ein wachsender bzw. sinkender Wirkungsgrad mit steigender Temperatur ein. Lediglich bei den Zyklen NYCC und Bergfahrt empfiehlt sich theoretisch eine Niedertemperaturkühlung, siehe Abbildung 19. Die Empfehlung, welche Kühlart verwendet werden soll, wird im Rahmen eines Preprocessing bestimmt, sobald der gewünschte Geschwindigkeits-Zeit-Verlauf[10] vorliegt. Im Preprocessing werden mit einem vereinfachten Fahrzeugmodell die zeitaufgelösten Werte für Drehzahl, Drehmoment und Antriebsleistung berechnet. Mit der Information über die Grenzkurve[11] (siehe Kapitel 3.2.4) kann identifiziert werden, ob eine hohe oder niedrige Betriebstemperatur für den Zyklus empfehlenswert ist. Dazu wird ausgewertet, ob die Motorbetriebspunkte häufiger oberhalb oder unterhalb der Grenzkurve, siehe Abbildung 13, sind. Sind die Motorbetriebspunkte hauptsächlich oberhalb der Grenzkurve, empfiehlt sich eine Niedertemperaturkühlung. Liegen die Betriebspunkte hauptsächlich unterhalb der Grenzkurve, empfiehlt sich eine Hochtemperaturkühlung.

---

[10] Im realen Fahrzeug könnte eine solche Entscheidung auf Basis der geplanten Route des Navigationssystem in Kombination mit Fahrertypdaten getroffen werden.
[11] Trennt den Bereich der temperaturabhängigen Wirkungsgradsteigerung von dem der temperaturabhängigen Wirkungsgradminderung

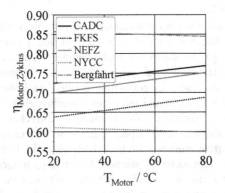

Abbildung 19: Mittlerer Wirkungsgrad des Motors bei der Durchfahrt verschiedener Zyklen unter Annahme konstanter Motortemperaturen

Streckenerkennung

Wesentlicher Bestandteil eines vorausschauenden Ansatzes besteht darin, die zu fahrende Stecke bzw. Leistungsanforderung im Voraus zu identifizieren. In Kapitel 2.2.3 sind dazu verschiedene Ansätze aus der Literatur dargestellt. Da im vorliegenden Fall hauptsächlich Zertifizierungszyklen simuliert werden, für die weder GPS-Daten noch Lenkwinkel oder Ähnliches vorliegen, muss die Streckenerkennung auf Basis anderer Daten erfolgen. Es wird ein lernender Algorithmus verwendet, der die Ähnlichkeit zweier Funktionen untersucht. Die Ähnlichkeit wird anhand des Geschwindigkeit-Weg-Signals bewertet. Dazu wird eine Kreuzkorrelation zwischen dem momentanen Geschwindigkeit-Weg-Signal und den abgespeicherten Signalen durchgeführt. Es gilt folgender Zusammenhang [107]:

$$h(t) = \int_{-\infty}^{+\infty} f(\xi) \cdot g(t + \xi) d\xi \qquad \text{(Gl. 3.12)}$$

Darin sind $h(t)$ die Korrelationsfunktion, $f(\xi)$ die Funktion, die überprüft wird und $g(t + \xi)$ die Funktion, mit der geprüft wird. Die Kreuzkorrelation wird für jeden Zeitschritt ausgeführt. Über den Parameter t lässt sich eine Verschiebung der beiden Signale zueinander detektieren. Ist eine Stecke erkannt, kann das abgespeicherte Geschwindigkeits-Weg-Signal als zukünftiges Anforderungsprofil angesehen und verwendet werden. Wird ein Signal nicht erkannt, handelt es sich um ein neues Profil und wird in der Datenbank abgespeichert.

Verbrauchsschätzung

Bei den BEF ist nach wie vor die Reichweite ein Problem. Eine Folge davon ist, dass die Nutzer befürchten, ihr Ziel nicht zu erreichen. Deshalb ist es von hoher Priorität, zuverlässige Aussagen zur verbleibenden Reichweite treffen zu können. Um diese verbleibende Reichweite abschätzen zu können, muss neben dem aktuellen Ladezustand auch der zukünftige durchschnittliche Streckenverbrauch bekannt sein. Da der Ladezustand mit guter Zuverlässigkeit beschrieben werden kann, liegt der Fokus hier auf der Bestimmung des Streckenverbrauchs. Es wird der lernende Algorithmus aus Kapitel 3.2.7 mit verwendet. Neben den Geschwindigkeitsinformationen werden in Abhängigkeit der Umgebungstemperatur auch Durchschnittsverbräuche gespeichert. Diese werden nach erfolgtem Erkennen der Strecke für die Verbrauchsschätzung mit herangezogen. Die Durchschnittswerte der vergangenen Fahrten werden nur während der ersten 20 Minuten der Fahrt verwendet. Danach werden die zurückgelegte Stecke sowie die aktuelle SoC-Änderung eingesetzt. Über diese Vorgehensweise kann innerhalb von wenigen Sekunden identifiziert werden, wie weit das Fahrzeug bei den gegebenen Bedingungen auch ohne Informationen zum eigentlichen Ziel kommen wird. Dies gilt natürlich nur unter der Voraussetzung, dass der Fahrer nicht von der erwarteten Strecke abweicht.

Reichweitenregelung

Im Falle eines unter den gegebenen Bedingungen nicht mehr innerhalb der verbleibenden Reichweite liegenden Ziels, können Energiesparmaßnahmen, wie Verbraucherabschaltung und Drosselung der Fahrgeschwindigkeit, das Ziel doch noch erreichbar machen. Um eine solche Funktionalität zu erreichen, ist ein Modul implementiert, das auf die verschiedenen Senken im Fahrzeug zugreifen und diese bei Bedarf auch ausschalten kann. Dabei wird die Leistungsaufnahme der Senken nur dann limitiert, wenn dies aufgrund des Fahrerwunsches erforderlich wird. Damit wird der Energiebedarf dann reduziert, wenn die vom Fahrer gewünschte Fahrstrecke die derzeit mögliche Reichweite übersteigt. Um das Ziel dennoch zu erreichen, werden mit der von der Betriebsstrategie oder dem Fahrer vorgegebenen Priorität die einzelnen Verbraucher leistungsreduziert bzw. abgeschaltet, was sich auf das Thermomanagement sowie die Fahrleistung auswirkt. Tritt dieser Fall ein, so versucht das Modul, die vom Fahrer vorgegebene Fahrstrecke zu ermöglichen und dabei ein maximal mögliches Maß an Komfort und Fahrleistung zu gewährleisten. Realisiert wird dies über die Regelgröße $P_{Überschuss}$.

Zur Herleitung dieser Größe wird zunächst von einem Fall ausgegangen, bei dem die Batterieladung ausgereicht hätte, um das Ziel zu erreichen. Es verbliebe eine gewisse Kapazität ($C_{Batt,verfügbar}$) in der Batterie. Wäre zu Anfang der Fahrt bekannt gewesen, dass diese Kapazität verbleibt, hätte diese über der

Dauer der Fahrt $s_{Ziel}/v_{Durchschnitt}$ genutzt werden können. Es ergibt sich somit eine zusätzliche durchschnittliche Leistungsaufnahme, die durch die Batterie bereitgestellt werden kann. Wird dieser Fall auf einen Fall erweitert, in dem das Ziel noch nicht erreicht wurde (die Strecke $s_{gefahren}$ wurde bereits zurückgelegt), ergibt sich unter Berücksichtigung einer Sicherheitsstrecke $s_{Sicherheit}$ folgender Ausdruck für die mögliche mittlere Leistungsaufnahme $P_{Durchschnitt}$ bis zum Erreichen des Ziels:

$$P_{Durchschnitt} = C_{Batt,verfügbar} \cdot v_{Durchschnitt}/\left(s_{Ziel} + s_{Sicherheit} - s_{gefahren}\right)$$
(Gl. 3.13)

Davon muss die Leistung abgezogen werden, die das Fahrzeug durchschnittlich braucht, um die Fahraufgabe zu bewältigen $\left(b_{s,Durchschnitt} \cdot v_{Durchschnitt}\right)$. Somit ergibt sich:

$$P_{Überschuss} = C_{Batt,verfügbar} \cdot v_{Durchschnitt}/\left(s_{Ziel} + s_{Sicherheit} - s_{gefahren}\right)$$
$$-b_{s,Durchschnitt} \cdot v_{Durchschnitt}$$
(Gl. 3.14)

Ist zum Ende der Fahrt nicht mehr genügend Energie vorhanden, um die Strecke $s_{Sicherheit}$ zurückzulegen, wird $P_{Überschuss}$ kleiner Null. Für den Fall, dass das Ziel mit Sicherheit erreicht werden kann, wird $P_{Überschuss}$ größer oder gleich Null.

Wird erkannt, dass $P_{Überschuss}$ kleiner als Null ist, so versucht der Algorithmus durch Leistungsreduktion der Verbraucher nach einem vorgegebenen Schema, die Regelgröße $P_{Überschuss}$ auf null zu regeln. Die Priorität der Verbraucher ergibt sich aus der Nutzerakzeptanz sowie gesetzlichen Bestimmungen wie der StVO und der StVZO. Beispielsweise ist nach §17 Abs. 1 StVO [108] ab der Dämmerung die Fahrt mit Abblendlicht Pflicht, die Fahrt mit Tagfahrleuchten jedoch nicht.

Vor allem zu Beginn einer Strecke sind der Streckenverbrauch sowie die Durchschnittsgeschwindigkeit mit starken Schwankungen behaftet, was sich negativ auf die Bestimmung von $P_{Überschuss}$ auswirkt und fehlerhafte Aktionen des Moduls hervorrufen kann. Um diesen Einfluss zu reduzieren, ist in das Modul die oben beschriebene Streckenerkennung implementiert. In Abhängigkeit der erkannten Strecke sowie der Umgebungstemperatur wird ein Schätzwert für Durchschnittsverbrauch sowie Durchschnittsgeschwindigkeit bestimmt, die während der Anfangsphase Fehlfunktionen zuverlässig unterdrücken können.

3.2.8   Schnell rechnendes Simulationsmodell

Aufgrund seines hohen Komplexitätsgrades ist das gekoppelte Simulationsmodell aus Kapitel 3.2.1 für Optimierungsaufgaben mit häufigen Rechnungen nur bedingt geeignet. Insbesondere für das vorausschauende Wärmemanagement mit teilweise bekanntem Lastprofil (siehe Kapitel 5.2) ist es im praktischen Gebrauch nicht geeignet. Eine durchschnittliche Simulation mit dem gekoppelten Modell benötigt ca. 60 Minuten auf einer Workstation. Beim prädiktiven Thermomanagement wird das Modell des Fahrzeugs selbst herangezogen, um das Wärmemanagement zu optimieren. Im Fall des teilweise bekannten Lastprofils werden in gewissen Abständen (50 s bis 300 s) die nächsten 100 s bis 500 s optimiert. Wird als Beispiel ein Zyklus mit einer Länge von 1200 s herangezogen und die Optimierung der Kühlstrategie im Abstand von 50 s durchgeführt, findet die Optimierung 24 Mal während des Zyklus statt. Werden jeweils die nächsten 500 s zur Optimierung herangezogen, muss in jedem der 24 Schritte 5/12 des Zyklus berechnet und optimiert werden. Dazu sind bis zu 100 einzelne Simulationen erforderlich. Werden die Werte miteinander multipliziert, ergibt sich ein Wert von 1000. D. h. die Simulation mit dem gekoppelten Modell würde sich um das 1000-fache verlängern. Für Untersuchungen auf Systemebene ist eine Simulationsdauer von bis zu 1000 Stunden für einen Zyklus nicht praktikabel. Deshalb wurde ein reduziertes Modell erstellt, das in der Lage ist, die Auswirkungen der Kühlstrategieänderung abzubilden und dabei dennoch sehr schnell rechnet.

Je nachdem, ob die Optimierung vor Beginn der Fahrt oder nach Fahrtantritt durchgeführt wird, ergeben sich unterschiedliche Einflussparameter. Das schnell rechnende Modell muss in der Lage sein, die Einflüsse all dieser Parameter richtig abzubilden. In Tabelle 6 sind die Parameter, ihre Wirkung sowie ihr Einsatzbereich zusammengefasst.

Aufgrund der identifizierten Parameter war es erforderlich, die Leistungsanforderungen des Antriebsstrangs detailliert abzubilden. Die thermischen Modelle sind nur für den Motor sowie die Batterie implementiert. Da die maximal zulässige Motortemperatur einen Einfluss auf die Leistungsaufnahme der Wasserpumpe hat, ist der Kühlmittelkreis des Motors abgebildet. Von der Simulation des AC-Kreislaufes wird aufgrund der Rechenzeit abgesehen. Der Einfluss des Chillerbetriebs auf die Leistungsaufnahme des Kompressors wird phänomenologisch abgebildet.

Mit dem schnell rechnenden Modell ist es möglich, die Verläufe von Batterietemperatur, Motortemperatur, Leistung der Motorkreispumpe, Heiz- und Kühlleistung der Batterie sowie des SoC zu treffen. Dadurch sind die entscheidenden Einflussfaktoren abgebildet und das Modell kann zur Optimierung verwendet werden. Die Simulationsdauer ist deutlich reduziert. Für die Zyklen werden ca. 1/1000 der physikalischen Zeit zur Simulation benötigt. Dadurch können bei der Optimierung nach Fahrtantritt auch viele Funktionsaufrufe gestartet werden, ohne dass die Simulationsdauer zu sehr ansteigt. Das schnell rechnende Simulationsmodell wird nur für die Optimierung der Kühlstrategie im Rahmen des prädiktiven Wärmemanagement in Kapitel 5 verwendet.

Tabelle 6: Optimierungsparameter für das vorausschauende Wärmemanagement

Parameter	Optimierung vor Fahrtantritt	Optimierung nach Fahrtantritt	Wirkung
$T_{Motor,soll}$	x	x	Einfluss auf Pumpenleistung Ausnutzung des temperaturabhängigen Wirkungsgrades
SoC_{start}	x		Ausnutzung des SoC-abhängigen Wirkungsgrades
$T_{Batt,start}$	x		Ausnutzung des temperaturabhängigen Wirkungsgrades Reduzierung der Temperierungsleistung während der Fahrt
$T_{Batt,soll,heizen,oben}$ $T_{Batt,soll,heizen,unten}$		x	Reduzierung der Temperierungsleistung während der Fahrt
$T_{Batt,soll,kühlen,oben}$ $T_{Batt,soll,kühlen,unten}$		x	Reduzierung der Temperierungsleistung während der Fahrt

3.3 Validierung der Simulationsmodelle

Für die vorliegende Arbeit wurde ein Systemprüfstand erstellt, der sowohl der Vermessung einzelner Komponenten als auch der Validierung des simulierten Systemverhaltens dient. Der Systemprüfstand umfasst neben den Hauptkomponenten des Antriebsstranges auch den Großteil des Thermomanagementsystems eines generischen Elektrofahrzeugs.

3.3.1 Messumgebung

Sämtliche Messungen an dem Systemprüfstand und den Antriebskomponenten wurden auf dem Multikonfigurationsprüfstand, kurz MKP, des Forschungsinstituts für Kraftfahrwesen und Fahrzeugmotoren Stuttgart durchgeführt. Dieser ermöglicht die Untersuchung von konventionellen, hybridisierten und rein elektrischen Antriebssträngen und Bordnetzen. Dazu verfügt er über vier Lastmaschinen, die die Fahrwiderstände an den einzelnen Rädern abbilden können. Eine weitere elektrische Maschine kann als Ersatz für den Verbrennungsmotor eingesetzt werden. Des Weiteren sind zwei hochdynamische Gleichspannungsquellen vorhanden. Die eine deckt den Niedervoltbereich bis 52 V ab, die andere den Hochvoltbereich bis 600 V.

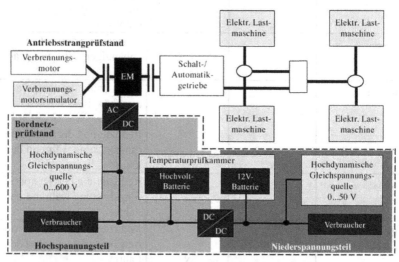

Abbildung 20: Aufbau des FKFS Multikonfigurationsprüfstands [109]

Zur Konditionierung von Prüflingen sind neben einer Temperaturprüfkammer auch zwei temperaturregelbare Wasser-Glykol-Kreisläufe vorhanden [109]. Eine Prinzipskizze des MKP zeigt Abbildung 20. Die wichtigsten technischen Daten sind in Tabelle 12 zusammengefasst.

3.3.2 Messtechnik

In diesem Kapitel werden die erforderlichen Grundlagen zu der verwendeten Messtechnik erläutert. Bei der Auswahl der Messaufnehmer ist vorausgesetzt, dass die Messgröße immer als eine elektrische Größe vorliegt.

Die Messung der Temperaturen wurde mit Thermoelementen vom Typ K (Ni-CrNi) durchgeführt. Zur Messung von Kühl- und Kältemitteltemperaturen wurden Mantelthermoelemente verwendet. Für die Messung der Luft- und Oberflächentemperaturen wurden Drahtthermoelemente verwendet. Laut Hersteller beträgt die Grenzabweichung im relevanten Messbereich weniger als 1,5 K [110]. Zur Steigerung der Genauigkeit der Messung wird die gesamte Messkette kalibriert. Die Überprüfung der bei der Kalibrierung hinterlegten Funktion ergab im Messbereich eine maximale Abweichung von 0,08 K. Dazu muss die Abweichung des Kalibriernormals mit 0,07 K im Messbereich addiert werden. Es ergibt sich damit eine maximale Abweichung von 0,15 K. Da die Thermoelemente im Wesentlichen zum Bilanzieren von Wärmeströmen verwendet werden, ist neben der Abweichung des Messwerts vom physikalischen Wert die maximale Abweichung zwischen den Messwerten der verschiedenen Thermoelemente ausschlaggebend. Hier hat sich über alle verwendeten Thermoelemente eine maximale Abweichung zwischen den Thermoelementen von 0,04 K ergeben.

Die Drücke werden mit Membranmesswerken auf resistiver Basis gemessen. Dabei sind auf einer keramischen Membrane Dehnmessstreifen aufgebracht, die in einer Brückenschaltung ausgewertet werden. Laut Hersteller beträgt die Genauigkeit 1% vom Skalenendwert [111]. Auch hier wurde die Genauigkeit durch eine Kalibrierung der Messkette gesteigert. Die Abweichung zwischen Messwert und der bei der Kalibrierung hinterlegten Funktion ergab einen maximalen Fehler von 35 mbar. Das Kalibriernormal weist eine Abweichung von 0,025% des angezeigten Wertes auf. Im Messbereich bis 20 bar ergibt sich eine maximale Gesamtabweichung von 40 mbar.

Die Volumenströme in den Kühlmittelkreisen werden über magnetisch induktive Sensoren gemessen. Sowohl Sensor als auch Umformer sind mit einer Genauigkeit von 0,4% angeben [112,113]. Eine Überprüfung der Messkette hat eine Genauigkeit von 0,5% vom Messwert im relevanten Messbereich ergeben.

Da das Kältemittel in Abhängigkeit von Druck und Temperatur eine stark abweichende Dichte hat, muss für die Messung des Durchsatzes an Kältemittel ein dichteunabhängiges Messverfahren eingesetzt werden. Bei der Messung des Durchsatzes mit dem Coriolisverfahren ist dies gegeben [114]. Dafür sind Sensoren vom Typ FCB350 von ABB eingesetzt, die bei einem Durchsatz von mehr als 5% des Nennwertes eine Genauigkeit von +- 0,2% aufweisen [115].

Die Drehzahlen der Lüfter werden mit Hilfe von Reflexionslichttastern gemessen. Das Frequenzsignal wird über einen f/u-Wandler in eine Spannung gewandelt, um vom Messsystem verarbeitet werden zu können. Der Wandler hat eine Abtastgenauigkeit[12] von weniger als 0,01%. Die zugehörige Ausgangsstufe

---

[12]Hier wird die Zeit für eine bestimmte Anzahl (15) an Umdrehungen, jedoch auf eine Maximaldauer von 1000 ms begrenzt, gemessen. Durch die Abtastung des Signals mit einer hohen Frequenz, ist der resultierende maximal mögliche Fehler in der Dauer sehr klein.

hat eine Auflösung von 12 Bit, eine Linearität von 0,1% und einen Nullabgleich von 2 mV [116]. Werden alle Abweichungen addiert, ergibt sich eine maximale Abweichung von 13,22 mV. Mit der hinterlegten Umrechnungsfunktion für die Lüfterdrehzahl ergibt sich eine maximale Abweichung von 12 U/min.

Die Drehzahl der elektrischen Maschine auf dem MKP ist mit einem optischen Drehzahlaufnehmer mit einer Auflösung von 4096 Schritten pro Umdrehung aufgenommen worden. Die digital vorliegenden Werte werden vom Messsystem direkt weiterverarbeitet. Der Fehler aus der Drehzahlmessung der Maschine ist damit vernachlässigbar klein.

Das Drehmoment der elektrischen Maschine auf dem MKP wird mit einem Drehmomentmessflansch vom Typ T10FS mit einem Nenndrehmoment von 2000 Nm erfasst. Die Genauigkeit beträgt 0,1% vom Nennwert [117]. Bei der Kalibrierung hat sich eine maximale Abweichung 80 ppm vom Nennwert also 0,16 Nm ergeben. Die dabei verwendete Kalibriereinrichtung hat eine Messunsicherheit von 0,02% vom Messwert. Im relevanten Messbereich bis ca. 120 Nm ergibt sich damit eine maximale Abweichung von 0,184 Nm. Die Genauigkeit der Drehmomentmessung stellt somit die dominate Einflussgröße auf die Abweichung in der mechanischen Leistungsmessung dar.

Die Ströme im Antriebsstrang sind mit Stromwandlern indirekt gemessen worden. Diese Stromwandler haben eine Übersetzung von 1:1000. Im Messbereich bis 1000 A haben diese eine Abweichung von 50 ppm [118]. Die Ströme werden direkt von einem Präzisionsleistungsanalysator vom Typ WT3000 [119] gemessen. Zusätzlich werden die Spannungen und die Leistungen mit dem WT3000 gemessen. Die Messgenauigkeiten für die gemessenen Werte sind in Tabelle 7 dargestellt.

Tabelle 7: Messgenauigkeiten des WT3000 Messsystems

Größe	Fehler	Messbereich	max. Fehler
I_{DC}	0,05% + 0,25 A	500 A	0,5 A
I_{AC}	0,03% + 0,25 A	500 A	0,4 A
U_{DC}	0,05% + 75 mV	110 V	130 mV
I_{AC}	0,03% + 250 mV	48 V	264 mV
P_{DC}	0,05% + 150 W	80 kW	190 W
P_{AC}	0,05% + 37,5 W	80 kW	77,5 W

Wird ein Wert aus zwei oder mehreren Messwerten berechnet, wird der Messfehler über eine Fehlerfortpflanzung identifiziert. Da die Messwerte voneinander unabhängig sind, wird eine Reihenentwicklung bis zum linearen Glied

verwendet. Es folgt im Allgemein für eine Funktion f abhängig von x_i (Gl. 3.15)
[120]:

$$f = f(x_1, x_2, x_3, \dots)$$
(Gl. 3.15)

Der Gesamtfehler Δf (Gl. 3.16) ergibt sich aus der Summe der partiellen Ableitungen der Funktion nach den abhängigen Variablen $\frac{\partial y}{\partial x_i}$ multipliziert mit der
Messunsicherheit Δx_i.

$$\Delta f = \sum_i \left| \frac{\partial y}{\partial x_i} \right| \cdot \Delta x_i$$
(Gl. 3.16)

Der Wärmestrom, der von einem Fluid von einem Körper abgeführt wird, wird
mit folgender Gleichung berechnet:

$$\dot{Q} = \dot{V} \cdot \rho \cdot c_p \cdot (T_{aus} - T_{ein})$$
(Gl. 3.17)

Darin sind $\dot{Q}$ der Wärmestrom, $\dot{V}$ der Volumenstrom, ρ die spezifische Dichte,
c_p die spezifische isobare Wärmekapazität und $(T_{aus} - T_{ein})$ die Temperaturdifferenz zwischen Austritt und Eintritt. Durch partielle Ableitung ergibt sich somit
für den Fehler im Wärmestrom:

$$\Delta \dot{Q} = \rho \cdot c_p \cdot (T_{aus} - T_{ein}) \cdot \Delta \dot{V} + \dot{V} \cdot c_p \cdot (T_{aus} - T_{ein}) \cdot \Delta \rho + \dot{V} \cdot \rho \cdot$$
$$(T_{aus} - T_{ein}) \cdot \Delta c_p + \dot{V} \cdot \rho \cdot c_p \cdot \Delta T_{aus} + \dot{V} \cdot \rho \cdot c_p \cdot \Delta T_{ein}$$
(Gl. 3.18)

    Wird davon ausgegangen, dass die Daten von Dichte und spezifischer
Wärmekapazität im Herstellerdatenblatt mit sehr hoher Genauigkeit angegeben
sind, reduziert sich der obige Term um den zweiten und dritten Summanden. Für
alle Volumenströme ergibt sich der maximale Fehler als Funktion der Temperaturdifferenz zwischen T_{ein} und T_{aus}. Dargestellt ist der Verlauf in Abbildung 21.
Bei kleinen Temperaturdifferenzen unter 0,9 K wird der maximal mögliche Fehler größer als 5%.

    Die Mechanische Leistung P_{mech} wird als Produkt aus Winkelgeschwin-
digkeit $2 \cdot \pi \cdot n$ und Drehmoment M gebildet. Damit ergibt sich für den maximalen Fehler in der vom Motor abgegebenen Leistung:

$$\Delta P_{mech} = 2 \cdot \pi \cdot n \cdot \Delta M + 2 \cdot \pi \cdot M \cdot \Delta n$$
(Gl. 3.19)

Für alle gemessenen Betriebspunkte ergibt sich ein Fehler von kleiner als 2%. Ist
der Betrag des Motormoment oberhalb von 16 Nm ergibt sich ein Fehler von
kleiner als 1%. Die mechanische Leistung P_{mech} und die elektrischen Leistungen
P_{AC} und P_{DC} stellen Zwischengrößen dar, um den Wirkungsgrad der Leistungs-

elektronik und des Motors berechnen zu können. Der Fehler im Wirkungsgrad der Leistungselektronik $\Delta\eta_{LE}$ ergibt sich aus:

$$\Delta\eta_{LE} = \frac{1}{P_{DC}} \cdot \Delta P_{AC} + \frac{P_{AC}}{P_{DC}^2} \cdot \Delta P_{DC} \qquad\qquad (Gl.\ 3.20)$$

Bei den niedrigsten Drehzahlen und Momenten stellen sich dabei relativ große Fehler von über 5% im Wirkungsgrad ein. Für höhere Drehzahlen und Momente fällt der Fehler rasch ab. Für die gemessenen Kennfelder ergibt sich ein mittlerer Fehler von 0,1% im Wirkungsgrad. Mit Gleichung 3.21 wird der Fehler im Wirkungsgrad des Motors $\Delta\eta_{Motor}$ beschrieben.

$$\Delta\eta_{Motor} = \frac{1}{P_{AC}} \cdot \Delta P_{Mech} + \frac{P_{Mech}}{P_{AC}^2} \cdot \Delta P_{AC} \qquad\qquad (Gl.\ 3.21)$$

Für die gemessenen Betriebspunkte ergibt sich ein maximaler Fehler von 8% im Wirkungsgrad bei niedrigem Moment ($|M|<10\,$Nm) und niedriger Drehzahl ($n<1000\,$min^{-1}). Im Mittel stellt sich ein deutlich geringerer Fehler von 0,8% im Wirkungsgrad ein.

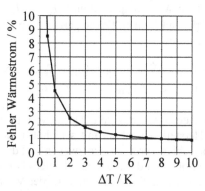

Abbildung 21:   Fehler im Wärmestrom in Abhängigkeit von ΔT

3.3.3   Aufbau

Der Systemprüfstand ist im Wesentlichen zweigeteilt. Der eine Teil stellt den Motor mit der zugehörigen Leistungselektronik dar. Den anderen Teil bildet die Wärmepumpe, die den Kern des Thermomanagementsystems des hier untersuchten generischen Elektrofahrzeugs darstellt.

Für die Untersuchungen an der Leistungselektronik und dem Asynchronmotor wurde dieser mit dem Verbrennungsmotorsimulator des MKP als Leistungsbremse verbunden, da die Drehzahl der Radmaschinen für diesen Anwendungsfall nicht ausreichend ist. Die Leistungselektronik war dreiphasig mit dem

Motor verbunden und hat ihre Spannungsversorgung aus der hochdynamischen Gleichspannungsquelle bezogen. Die Kühlung von Motor und Leistungselektronik bewerkstelligte die Konditionieranlage, die auf 20°C temperiertes Kühlmittel zur Verfügung stellte. In Strömungsrichtung lag die Leistungselektronik vor dem Motor. Neben den mechanischen Größen wurden die elektrischen Größen auf der Gleichspannungsseite (vor der Leistungselektronik) sowie im Zwischenkreis (zwischen Motor und Leistungselektronik) gemessen. Des Weiteren wurden die Temperaturen an Eintritt und Austritt von Motor und Leistungselektronik gemessen. Durch die Messung von stationären und instationären Betriebszuständen wurden die Wirkungsgraddaten abgeleitet sowie die thermischen Modelle validiert.

Neben dem elektrischen Antrieb des Fahrzeugs benötigen die Klimatisierung des Fahrzeuginnenraumes und die Temperierung der Batterie die meiste Energie. Um die Simulationsmodelle für dieses System zu validieren, wurde dafür die Wärmepumpe aufgebaut. Abbildung 22 zeigt den aufgebauten Prüfstand. Die obere Box in der Abbildung stellt das Frontend dar. Hier ist ein Wärmeübertrager eingebaut, der sowohl als Verdampfer als auch als Kondensator verwendet werden kann. Er stellt somit die Wärmequelle bzw. –senke gegenüber der Umgebung dar. Die untere Box simuliert das Klimamodul des Innenraums. Hier sind ein konventioneller Kondensator sowie ein Verdampfer integriert. Die beiden Boxen sind mit Sauglüftern ausgestattet, um einen Luftvolumenstrom aufzuprägen. Des Weiteren sind ein flüssigkeitsgekühlter Kondensator sowie ein Chiller im System. Diese sind im selben Kühlmittelkreis und werden im Prüfstandsbetrieb durch eine Kühlmittelkonditionieranlage mit temperiertem Kühlmittel betrieben. Angetrieben wird die Wärmepumpe durch einen Scrollverdichter. Über die Stellung von Absperrventilen wird der Betriebsmodus von Klimaanlage auf Wärmepumpe umgeschaltet bzw. im Klimaanlagenmodus der Chiller zu- und abgeschaltet. Damit wird der Kältemittelkreis aus Abbildung 4 abgebildet.

Grundlage des Prüfstands ist die numerische Auslegung mit Hilfe von Systemsimulationen. Dazu waren von den Komponentenherstellern Messdaten zur Verfügung gestellt worden. Der Modus „Klima" (AC-Modus) ist für eine Umgebungstemperatur von 40°C und eine Chiller Vorlauftemperatur von 30°C bei maximalem Volumenstrom ausgelegt. Der Modus „Wärmepumpe" (WP-Modus) ist für eine Umgebungstemperatur von 10°C und eine Vorlauftemperatur von 10°C bei maximalem Volumenstrom ausgelegt. In der zugehörigen Simulation ist über Regler die Drehzahl des Kompressors so geregelt, dass Saug- bzw. Hochdruck bei der Variation der Ladungsmasse konstant waren. Von besonderem Interesse war es, den Prüfstand in allen Betriebszuständen mit derselben Menge an Kältemittel[13] zu betreiben, um den Messablauf zu beschleunigen so-

---

[13] Hier wird der fluorierte Kohlenwasserstoff 1,1,1,2-Tetafluorethan (R134a) verwendet.

wie sicherzustellen, dass die gewählte Konfiguration praxisrelevant ist. Für eine in einem Fahrzeug umgesetzte Wärmepumpe wäre es nicht praktikabel, die beiden Modi mit unterschiedlichen Kältemittelmassen zu betreiben.

Abbildung 22:   Prüfstandsaufbau der untersuchten Wärmepumpe

Ergebnis der Massenvariation ist, dass im Klimamodus ab ca. 1,1 kg Kältemittel die Kühlleistung konstant ist. Die Leistungsziffer im Klimamodus fällt bis 1,1 kg Kältemittel leicht ab und bleibt dann konstant. Im Wärmepumpenmodus ohne flüssigkeitsgekühlten Kondensator nimmt die Wärmeleistung zwischen 0,8 kg und 1,4 kg quasi linear ab. Die vom Hochdruckregler eingestellte Drehzahl des Kompressors fällt von Werten um 7000 min^{-1} bei 0,8 kg Kältemittel bis auf die Leerlaufdrehzahl bei 1,4 kg Kältemittel ab. Der Hochdruckregler war dabei so eingestellt, dass der Absolutdruck von 18 bar nicht überschritten wird, um im Prüfstandsversuch ausreichend Sicherheit gegenüber dem Maximaldruck von 20 bar zu haben. Die Leistungsziffer im Wärmepumpenmodus ohne flüssigkeitsgekühlten Kondensator steigt von 0,8 kg bis 1,2 kg deutlich an. Ab 1,2 kg fällt sie auf Werte ab, die unterhalb derer mit 0,8 kg liegen. Im Wärmepumpenmodus mit flüssigkeitsgekühltem Kondensator wird durch diesen so viel Wärme entzogen, dass bei allen untersuchten Kältemittelmassen mit maximaler Kompressordrehzahl gearbeitet werden kann, ohne dass der Maximaldruck erreicht wird. Dadurch variieren die Kennwerte im Vergleich zu den anderen Variationen nur unwesentlich. Deshalb wird durch den Wärmepumpenbetrieb mit flüssigkeitsgekühltem Kondensator die Kältemittelmasse nicht weiter eingeschränkt. Bei den kleinen Kältemittelmassen sind auch die sich einstellenden Saugdrücke vergleichsweise klein. Ab ca. 1,1 kg Kältemittelmasse ist der sich einstellende Saugdruck so hoch, dass sich im Verdampfer eine Temperatur nahe dem Gefrierpunkt einstellen kann. Um in allen Modi eine möglichst optimale Nutzwärme bzw. -Kälte, eine gute Leistungsziffer sowie um Kompressordrehzahlen zu erhalten, die mindestens 1/3 der Maximaldrehzahl entsprechen, wurde eine Kältemittelmasse von 1,1 kg gewählt.

3.3.4   Wärmepumpe

Der Aufbau der Wärmepumpe (siehe Abbildung 4 und Abbildung 22) orientiert sich am Simulationsmodell des hier simulierten BEFs. Für die Validierung des Simulationsmodells der Wärmepumpe wurde das eigentliche Gesamtfahrzeugmodell angepasst, um die Vereinfachungen des Prüfaufbaus abzubilden. Dazu ist die Kopplung mit Matlab entfernt und nur der GT-Suite-Teil des Modells wird verwendet. Des Weiteren sind die Kopplungen zwischen den Fluidkreisläufen entfernt, um abzubilden, dass der Chiller und der flüssigkeitsgekühlte Kondensator (Lcond) mit der Konditionieranlage verbunden sind. Die am Prüfstand gemessenen Fluidtemperaturen und –volumenströme werden in der Simulation vorgegeben. Weitere Vorgaben sind die Drehzahlen der Lüfter, die Umgebungstemperatur, die Luftfeuchte, der Umgebungsdruck sowie die Kompressordrehzahl. Die Validierung des Modells untergliedert sich in drei Teile. Es werden Stationärpunkte im AC-Modus und im Wärmepumpenmodus sowie transiente Zustandsänderungen im AC-Modus untersucht. Da die transienten Bedingungen durch das Schalten des Chillers abgebildet werden, werden im WP-Modus keine transienten Bedingungen untersucht.

Bei den stationären Messungen im AC-Modus sind Messungen mit und ohne Chiller durchgeführt worden. Für die Fälle in denen der Chiller aktiv war, sind der Kühlmittelvolumenstrom sowie die Eintrittstemperatur variiert worden. Jede Messreihe startet mit der Leerlaufdrehzahl des Verdichters. Die Drehzahl wird so lange erhöht, bis das System an seine Betriebsgrenze stößt. Die Betriebsgrenze ist erreicht, wenn der luftseitige Volumenstrom in Folge einer Vereisung des Verdampfers einbricht. In der Simulation wie auch in der Messung wird das Verhalten des Systems maßgeblich durch die vorgegebene Überhitzung an den Expansionsventilen beeinflusst. Insbesondere im parallelen Betrieb von Verdampfer und Chiller ist die Wechselwirkung erheblich. Beispielsweise kann eine Änderung der Sollüberhitzung von nur 1 K die Leistung des Chillers um 10% ändern. Bei der numerischen Auslegung des Prüfstands wurde von einer Überhitzung der Expansionsventile von 10 K ausgegangen. Durch die Änderung der sich einstellenden Überhitzung auf die gemessenen Werte, wurde die Abweichung in der Leistungsziffer auf 15,2% reduziert. Schwierig ist in der Simulation die Vorhersage der Kompressoraustrittstemperatur. Diese weicht in der Simulation immer nach oben ab, da der Ölumlauf nicht berücksichtigt wird. Dieser erhöht bei der Messung die Wärmekapazität des Kältemittel-Öl-Gemisches und senkt damit den Temperaturanstieg [121]. In der verwendeten Version (7.2 B3) von GT-Suite ist eine Simulation des Ölanteils nicht möglich. Es wird Abhilfe geschaffen, indem der isentrope Wirkungsgrad des Kompressors erhöht wird [122]. Im Simulationsmodell ist das Kennfeld des Verdichters so angepasst worden, dass der isentrope Verdichterwirkungsgrad größere Werte annimmt. Durch eine iterative Bestimmung der Werte kann damit auch die Kompressoraustrittstemperatur zuverlässig berechnet werden. In Abbildung 23 sind die zugehörigen Werte dargestellt. Es sind bei wenigen Punkten noch Abweichungen festzustellen, die bei niedrigen Verdichterdrehzahlen auftreten. Diese Punkte haben alle gemeinsam, dass sowohl Kompressoreintrittstemperatur als auch Kompressoraustrittstemperatur mit Abweichungen behaftet sind. Es setzt sich in diesen Fällen eine zu niedrige Eintrittstemperatur in eine ebenfalls zu niedrige Austrittstemperatur um.

Die Kompressoreintrittstemperaturen sind in Abbildung 24 dargestellt. Die Güte der Vorhersage ist hierbei geringer als bei der Austrittstemperatur, was vor allem daran liegt, dass hier zwei parallele Expansionsventile betrieben werden, die je nach Massenstromaufteilung die Eintrittstemperatur des Kompressors stark beeinflussen können. Die zugehörigen Drücke am Kompressoreintritt und – austritt werden sehr gut wiedergegeben und sind deshalb nicht dargestellt.

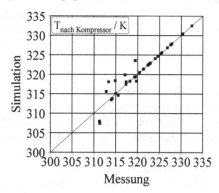

Abbildung 23:   Vergleich der Kompressoraustrittstemperatur zwischen Messung und Simulation im AC-Modus

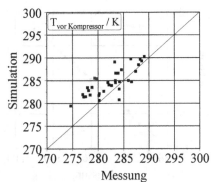

Abbildung 24: Vergleich der Kompressoreintrittstemperatur zwischen Messung und Simulation im AC-Modus

Für eine aussagekräftige Gesamtfahrzeugsimulation ist allerdings viel wichtiger, dass die thermischen, elektrischen und mechanischen Energieströme sowie Randbedingungen für das restliche Simulationsnetz richtig wiedergegeben werden. Das sind die Austrittstemperaturen des Verdampfers, des Chillers sowie des Außenstromwärmeübertragers (AWT) und die jeweilige Leistungsaufnahme des Kompressors. Die luftseitige Austrittstemperatur des Verdampfers ist in Abbildung 25 dargestellt. Die Temperatur wird tendenziell überschätzt, aber gut wiedergegeben. Die kühlmittelseitige Austrittstemperatur des Chillers ist in Abbildung 26 dargestellt. Die Abweichungen zwischen Simulation und Messung sind minimal und in der Größenordnung der Messgenauigkeit.

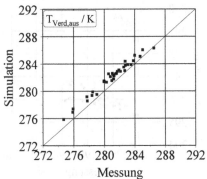

Abbildung 25: Vergleich der Verdampferaustrittstemperatur zwischen Messung und Simulation im AC-Modus

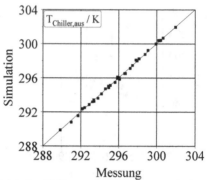

Abbildung 26: Vergleich der Chilleraustrittstemperatur zwischen Messung und Simulation im AC-Modus

Der AWT befindet sich im Kühlerpaket des Frontends an letzter Stelle (siehe Abbildung 4), weshalb die Wiedergabe der luftseitigen Austrittstemperatur nicht die höchste Priorität besitzt. Der Vergleich zwischen Simulation und Messung ist in Abbildung 27 dargestellt. Die Austrittstemperatur ist mit Abweichungen behaftet, die allerdings 2 K nicht überschreiten. Für die Gesamtfahrzeugsimulation ist die richtige Bestimmung der Leistungsaufnahme des Kompressors, wie in Abbildung 28 zu sehen, deutlich wichtiger. In der Simulation ist die Vorhersage größer als die aus den Messdaten identifizierten Werte. In einer Messung im Fahrzeug ist also mit einer niedrigeren Leistungsaufnahme des Klimakompressors zu rechnen.

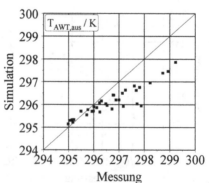

Abbildung 27: Vergleich der AWT-Austrittstemperatur zwischen Messung und Simulation im AC-Modus

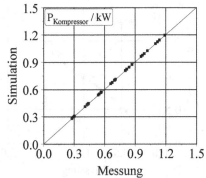

Abbildung 28: Vergleich der Verdichterleistung zwischen Messung und Simulation im AC-Modus

Die stationären Messungen im WP-Modus orientieren sich von der Vorgehensweise an den Messungen im AC-Modus. Allerdings mit dem Unterschied, dass nicht der Chiller, sondern der flüssigkeitsgekühlte Kondensator mit unterschiedlichen Randbedingungen beaufschlagt wird. Für die Berücksichtigung des Effekts des Ölumlaufs wird auch hier mit dem angepassten Verdichterkennfeld gearbeitet. Durch die Anpassung der bei der Auslegung angenommenen Überhitzung von 10 K auf die real vorliegenden Werte, konnte eine mittlere Abweichung der Leistungsziffer von 13,9% erreicht werden. Die Bedingungen am Eintritt und Austritt des Kompressors werden mit der nötigen Qualität wiedergegeben. Die Austrittstemperaturen der Komponenten werden mit einer ähnlichen Genauigkeit wie im AC-Modus wiedergegeben. Die für die Bestimmung des Gesamtenergiebedarfs wichtige Leistungsaufnahme des Kompressors wird in guter Güte wiedergegeben, siehe Abbildung 29. Bei hohen Leistungen wird die Leistungsaufnahme des Verdichters geringfügig unterschätzt.

Um zeigen zu können, dass das Simulationsmodell auch bei transienten Vorgängen das Systemverhalten beschreiben kann, werden Vorgänge gesucht, die sowohl in der Simulation als auch in der Messung möglichst einfach und reproduzierbar durchgeführt werden können, gleichzeitig aber nicht realitätsfremd sind. Auf Basis dieser Vorgaben wird der Fall gewählt, dass sich die Klimaanlage in einem konstanten Betriebspunkt befindet. Dann wird der Chiller über das Magnetventil in der Kältemittelleitung zugeschaltet und nach einiger Zeit wieder abgeschaltet. Wie auch bei den stationären Messungen wird mit dem angepassten Verdichterkennfeld gearbeitet.

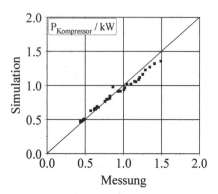

Abbildung 29: Vergleich der Verdichterleistung zwischen Messung und Simulation im WP-Modus

Dargestellt sind die Ergebnisse bei einer Drehzahl, bei der der Verdampfer ohne den aktivierten Chiller noch nicht vereist. Sobald der Betriebspunkt eingeschwungen ist, wird für ca. 300 s der Chiller aktiviert. Die Zeitverläufe der Drücke vor und nach dem Kompressor sind in Abbildung 30 dargestellt. Der Druckverlauf nach dem Verdichter lässt erkennen, dass die stationären Werte gut wiedergegeben werden jedoch die Simulation deutlich schneller auf das Zuschalten des Chillers reagiert. Die in der Messung sichtbaren Druckspitzen beim Schaltvorgang werden in der Simulation unterbewertet. Auch beim Druck vor dem Kompressor werden die stationären Werte gut wiedergegeben, allerdings reagiert die Simulation auch in diesem Fall deutlich schneller. Die kurzfristige Überhöhung des Saugdruckes wird in der Simulation unterbewertet.

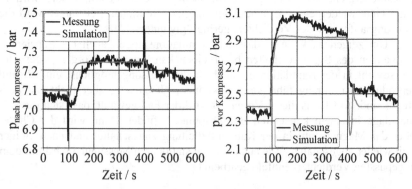

Abbildung 30: Vergleich des Druckverlaufs nach Kompressor (links) und vor Kompressor (rechts) zwischen Messung und Simulation bei einem Zu- und Abschaltvorgang des Chillers

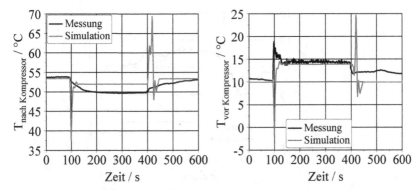

Abbildung 31: Vergleich des Temperaturverlaufs nach Kompressor (links) und vor Kompressor (rechts) zwischen Messung und Simulation bei einem Zu- und Abschaltvorgang des Chillers

So wie die Drücke reagieren auch die Temperaturen in der Simulation schneller auf die Zustandsänderung. In Abbildung 31 sind die Austritts- bzw. Eintrittstemperatur des Kompressors dargestellt. Die stationären Werte werden gut wiedergegeben. Allerdings sind in der Simulation Spitzen in der Temperatur sichtbar, die in der Messung so nicht detektierbar sind. In der Messung ist beim Einschalten des Chillers eine kurzzeitige Erhöhung der Eintrittstemperatur zu verzeichnen. Dieser Trend wird in der Simulation umgekehrt wiedergegeben. Auch in der luftseitigen Austrittstemperatur wird mit dem Einschalten des Chillers zunächst eine Temperaturabsenkung gemessen, die die Simulation nicht wiedergibt. Siehe dazu Abbildung 32. Hier werden die stationären Werte bis auf 1 K genau wiedergegeben, allerdings reagiert die Messung deutlich langsamer als die Simulation.

Die für die Gesamtfahrzeugsimulation und die Bilanzierung der Energie wichtigen Werte der Leistung des Chillers und der Leistungsaufnahme des Kompressors sind in Abbildung 33 dargestellt. Die Güte dieser Vorhersage kann als durchweg sehr gut bezeichnet werden.

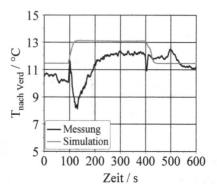

Abbildung 32: Vergleich des Temperaturverlaufs nach Verdampfer zwischen Messung und Simulation bei einem Zu- und Abschaltvorgang des Chillers

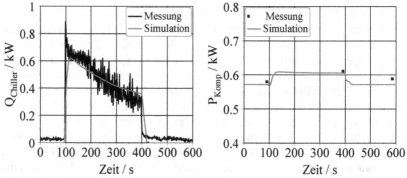

Abbildung 33: Vergleich des Wärmestromverlaufs des Chillers (links) und der Kompressorleistung (rechts) zwischen Messung und Simulation bei einem Zu- und Abschaltvorgang des Chillers

3.3.5   Motor und Leistungselektronik

Das thermische Modell von Motor und Leistungselektronik ist an unterschiedlichen Betriebspunkten validiert. Dazu wurden am Prüfstand Warmläufe gemessen und diese in der Simulation nachgerechnet.

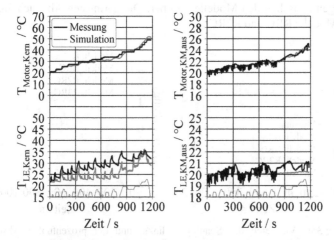

Abbildung 34: Vergleich von Messung und Simulation des Aufheizverhaltens von Motor (oben) und Leistungselektronik (unten) im NEFZ

Wie am Prüfstand wird die Leistungselektronik auch in der Simulation mit konditioniertem Kühlmittel durchströmt. Das ausströmende Kühlmittel durchströmt den Motor bevor es wieder auf die Eintrittstemperatur der Leistungselektronik konditioniert wird. Das Modell muss in der Lage sein, die Kerntemperaturen der Komponenten sowie die Ausströmtemperaturen zuverlässig zu beschreiben. In Abbildung 34 sind diese Temperaturen sowohl für die Messung als auch die Simulation für den NEFZ dargestellt. Es ist eine gute Übereinstimmung zwischen Simulation und Messung zu erkennen. Auch für konstante Betriebspunkte ist die Übereinstimmung gut.

3.3.6 Batterie

Die Validierung des elektrischen Batteriemodells für das transiente Verhalten erfolgt ebenfalls mit der Vorgabe eines dynamischen Profils. Es wird das auf eine Einzelzelle skalierte Leistungsprofil für eine Durchfahrt des NEFZ für das definierte Fahrzeug verwendet. Das Leistungsprofil wird sowohl in der Simulation als auch in der Prüfstandsmessung vorgegeben. Die resultierenden Spannungsantworten sind in Abbildung 35 links dargestellt. Aufgrund der kleinen Differenzen sind in Abbildung 35 rechts die relativen Fehler der Modelle dargestellt.

Im Bereich der Stadtfahrt des NEFZ (0-780 s) sind quasi keine Unterschiede zwischen den Modellen erkennbar. In dem sich anschließenden Bereich der Überlandfahrt, insbesondere bei der Rekuperation gegen Ende, werden die Abweichungen zwischen den Modellen größer. Die geringsten Abweichungen zeigen die Modelle RRC und R2RC.

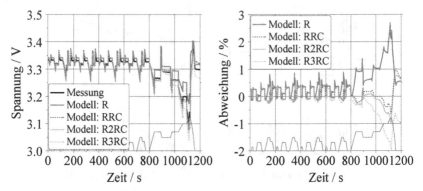

Abbildung 35: Vergleich der Spannung (links) und der prozentualen Abweichung (links) zwischen den Modellen R, RRC, R2RC und R3RC und der Messung

Mit einem mittleren Fehler von 0,26% und einem maximalen Fehler von 0,87% wird das elektrische Verhalten mit dem Modell R2RC in zufriedenstellender Güte wiedergegeben und zur Bestimmung des Wärmestroms verwendet. Hingegen sind die Modelle R und R3RC sind für eine Bestimmung des Wärmestroms nur bedingt geeignet. Wird eine Vorhersage der entstehenden Wärmeströme auf Basis der in Abbildung 35 gezeigten Spannungsverläufe getroffen, so ist die Vorhersage des Wärmestroms des Modell R um ca. 50% geringer als die von den Modellen RRC und R2RC. Das Modell R3RC sagt einen um ca. 50% größeren Wärmestrom voraus. Beim Modell R wird aufgrund der fehlenden Zeitglieder die Ausgangsspannung tendenziell überschätzt. Aufgrund der Bestimmungsgleichung für den Wärmestrom (siehe Kapitel 2.1.6), wird ein zu geringer Wärmestrom vorhergesagt. Das dritte Zeitglied des Modell R3RC ist sehr groß und lädt sich über die Dauer des Zyklus immer weiter auf. Dies führt dazu, dass die Ausgangsspannung tendenziell unterschätzt wird und somit ein zu hoher Wärmestrom vorhergesagt wird.

Bei der Vermessung des NEFZ war die Zelle mit Oberflächenthermoelementen ausgestattet. Im Vergleich zur gemessenen Temperatur ist in Abbildung 36 links die simulierte mittlere Temperatur dargestellt. Aufgrund der geringen Wärmeentstehung sind die Temperatureffekte sehr klein. Deshalb ist auch für eine konstante Entladung mit 4 C (80 A) bei 23°C Umgebungstemperatur die Oberflächentemperatur gemessen worden. Hier ist der Effekt deutlich größer und es ist ersichtlich, dass die Temperaturen in guter Näherung übereinstimmen, wie in Abbildung 36 rechts ersichtlich.

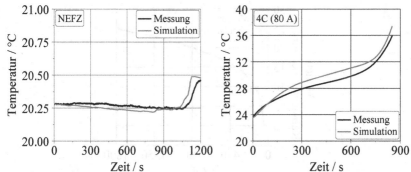

Abbildung 36: Gemessene und simulierte Temperaturverläufe in NEFZ (links) und bei einer Entladung mit 4C (rechts)

3.3.7 Innenraum

Für Heizen und Kühlen des Innenraums sind erhebliche Leistungen nötig, wie in Kapitel 2.2.1 beschrieben [69]. Diese Leistungen können in derselben Größenordnung sein wie die durchschnittliche Antriebsleistung bei einer Stadtfahrt. Der Innenraum des BEFs stellt deshalb neben dem Antrieb den größten Verbraucher dar. Zur Sicherstellung eines korrekten Gesamtenergiebedarfs für das Fahrzeug ist das Simulationsmodell des Fahrzeuginnenraums mit mehreren gemessenen Aufheizverläufen abgestimmt und validiert. Bei Temperaturen nahe dem Gefrierpunkt wurde der Heizungswärmetauscher eines Kleinwagens mit konditioniertem Kühlmittel betrieben. Die erfassten Temperaturen und Massenströme sind in der Simulation als Randbedingungen aufgeprägt. Das Ergebnis der Abstimmung ist in Abbildung 37 dargestellt. Bis auf geringe Abweichungen zu Beginn kann die Übereinstimmung als sehr gut bezeichnet werden.

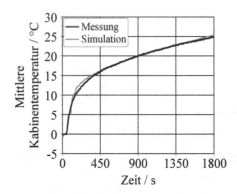

Abbildung 37: Vergleich von Messung und Simulation des Aufheizverhaltens des Fahrzeuginnenraums

3.3.8   Schnell rechnendes Fahrzeugmodell

Basis der Optimierungen beim vorausschauenden Thermomanagement ist die reduzierte Variante des Modells TheFaMoS. Durch die getroffenen Vereinfachungen kann dieses Modell nicht in allen Teilbereichen das genaue Verhalten des Fahrzeugs abbilden. Dennoch soll es in der Lage sein, die Hauptursachen der Energiebedarfe abzubilden. Da bei dem gegebenen Fahrzeug der Eingriff ins System im Rahmen des vorausschauenden Thermomanagements die Batterietemperatur und Motortemperatur verändern, müssen diese vom Modell möglichst gut wiedergegeben werden. Auch muss der Einfluss der Temperierung dieser Komponenten auf den Gesamtenergiebedarf abgebildet sein. Somit müssen die Leistungsaufnahme der Kühlmittelpumpe, des PTC-Elements und der zusätzliche Energiebedarf des Chillers abgebildet sein. Für den Chiller und das PTC-Element sind die durchschnittlichen Leistungsaufnahmen im Modell hinterlegt. Auch für die Kühlmittelpumpe ist dies geschehen. Exemplarisch ist der Vergleich beim Betriebspunkt Wärmepumpenpunkt für eine dreimalige Durchfahrt des NEFZ in Abbildung 38 und Abbildung 39 dargestellt.

Zu erkennen ist, dass die Temperaturen gut wiedergegeben werden, aufgrund der Vereinfachungen aber Abweichungen vorliegen. Der Verlauf des Ladezustands wird sehr gut wiedergegeben, was bestätigt, dass nicht nur der Antriebsstrang sondern auch die zusätzlichen Verbraucher mit einer ausreichenden Modellierungstiefe abgebildet sind.

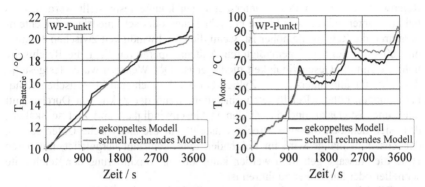

Abbildung 38: Vergleich der Batterietemperatur (links) und der Motortemperatur (rechts) der Simulation mit gekoppeltem Modell und der Simulation mit dem schnell rechnenden Fahrzeugmodell

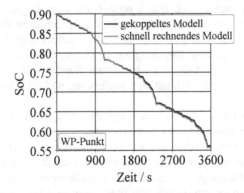

Abbildung 39: Vergleich des Ladezustands der Simulation mit gekoppeltem Modell und der Simulation mit dem schnell rechnenden Fahrzeugmodell

3.4 Entwicklung einer Geschwindigkeits-Kennzahl

Aufgrund des hohen Aufwands zur Klimatisierung des Fahrzeuginnenraums besteht der Wunsch, eine Aussage darüber treffen zu können, ob unter den vorherrschenden Bedingungen, die maximale Reichweite vorrangig durch die Fahrweise oder durch die Klimatisierung beeinflusst wird. Aufgrund der Zusammensetzung der Entladeleistung der Batterie aus der Antriebsleistung plus der Leistung sonstiger Verbraucher kann in Abhängigkeit des momentanen Zustands eine Erhöhung der Geschwindigkeit zu einer Erhöhung oder einer Reduktion der

Reichweite führen. In Prinzipuntersuchungen konnte festgestellt werden, dass bei konstanter Fahrt in der Ebene bei sehr hohen oder sehr niedrigen Außentemperaturen die Reichweite höher ist, wenn die Geschwindigkeit zwischen 40 km/h und 60 km/h liegt. Bei gemäßigteren Außentemperaturen liegt die Reichweite höher, wenn die Geschwindigkeit niedriger ist. Des Weiteren wurde festgestellt, dass sich für alle untersuchten Zyklen bei den betrachteten klimatischen Randbedingungen höhere Reichweiten einstellen, wenn der Zyklus im Durchschnitt langsamer ist. Dazu sind die Zyklen in Geschwindigkeit und Zeit so skaliert, dass sich dennoch dieselbe Strecke einstellt. Für die analytische Untersuchung der Zusammenhänge wird im Folgenden eine Kennzahl hergeleitet, mit deren Hilfe die Aussage getroffen werden kann, ob zur Maximierung der Reichweite schneller oder langsamer zu fahren ist.

Wird im Gegenzug dazu versucht, die Nebenverbraucherleistung für eine gegebene Antriebsleistung zu optimieren, ist die Lösung trivial. Die Reichweite wird immer maximal sein, wenn keine zusätzliche Energie aus der Batterie entnommen wird. Dennoch hat eine Geschwindigkeits-Kennzahl ihre Berechtigung, da durch die Information, ob durch schnelleres oder langsameres Fahren die Reichweite erhöht werden kann, dem Fahrer Empfehlungen für seinen Fahrstil ausgesprochen werden können. Auch kann die Geschwindigkeits-Kennzahl dazu verwendet werden, um eine Regelung zur Erhöhung der Reichweite zu ermöglichen. Insbesondere geht dadurch auch eine zur Reichweitenverlängerung vorgenommene Reduzierung der Klimatisierungsleistung sofort in die Fahrempfehlung ein.

Die Antriebsleistung eines Fahrzeugs lässt sich relativ einfach berechnen. Die allgemeine Bestimmung der Nebenverbraucherleistung wie Klimatisierung, Kühlung, Beleuchtung, Anzeigen, Lenkung u.a. ist ungleich schwieriger. Da allein die Leistung zur Klimatisierung von einer Vielzahl an Variablen wie z. B.: Zeit, solarer Einstrahlung, Außentemperatur, Solltemperatur, Anzahl Passagiere, Materialien im Innenraum, Geometrie Innenraum und Fahrgeschwindigkeit abhängt, wird bei der hier beschriebenen Vorgehensweise davon ausgegangen, dass der momentane Wert der Nebenverbraucherleistung durch Messung des Batteriestroms o. ä. bekannt ist.

Zunächst soll das Problem bei beschleunigter Fahrt in der Ebene betrachtet werden. Die Entladeleistung der Batterie setzt sich, bei Annahme eines Massenfaktors e von 1, aus der Fahrwiderstandsleistung $\left(\frac{\rho}{2} \cdot c_W \cdot A_x \cdot v^3 + m_{ges} \cdot \frac{dv}{dt} v + m_{ges} \cdot g \cdot f_R \cdot v\right)$ multipliziert mit der Wirkungsgradkette bis zur Batterie $\frac{1}{\eta_{Motor} \cdot \eta_{Inverter}}$ sowie der Leistung der sonstigen Verbraucher $P_{Entlade,Klima}$, hier vereinfacht mit Klimatisierungsleistung P_{Klima}, zusammen. Darin sind ρ die Dichte der Luft, c_W der Luftwiderstandsbeiwert, A_x die Stirnfläche, v die Geschwindigkeit, m_{ges} die Masse des Fahrzeugs, g die Erdbeschleunigung und f_R der Rollwiderstandsbeiwert.

$$P_{Entlade,Antrieb} = \frac{1}{\eta_{Motor} \cdot \eta_{Inverter}} \cdot \left(\frac{\rho}{2} \cdot c_W \cdot A_x \cdot v^3 + m_{ges} \cdot \frac{dv}{dt} v + m_{ges} \cdot g \cdot f_R \cdot\right.$$
$$\left. v\right) \tag{Gl. 3.22}$$

$$P_{Entlade,Klima} = P_{Klima} \tag{Gl. 3.23}$$

Durch Integration des Terms für die Beschleunigung ergibt sich für die mittlere Beschleunigungsleistung im Intervall $[t_1 \ldots t_2]$:

$$P_a = \frac{m_{ges} \cdot (v_2^2 - v_1^2)}{2 \cdot (t_2 - t_1)} \tag{Gl. 3.24}$$

Die mittlere Beschleunigungsleistung kann nur bereichsweise ausgewertet werden. Werden Anfang und Ende eines Zyklus verwendet, wird die mittlere Beschleunigungsleistung zu Null. Hier würde aus der Gleichung folgen, dass das Fahrzeug alle kinetische Energie vollständig rekuperieren kann. Somit muss die mittlere Beschleunigungsleistung begrenzt, bereichsweise ausgewertet und summiert werden. Wird vereinfacht angenommen, dass das Fahrzeug nicht in der Lage ist zu rekuperieren, lässt sich die mittlere Beschleunigungsleistung mit:

$$P_{a,Durchschnitt} = \frac{m_{ges}}{2} \cdot \frac{\sum_i v_i^2 - v_{i-1}^2}{\Delta t} \text{ für } v_i > v_{i-1} \tag{Gl. 3.25}$$

darstellen. Die mittlere Luftwiderstandsleistung ergibt sich zu:

$$P_{LW,Durchschnitt} = \frac{\rho}{2} \cdot c_W \cdot A_x \cdot \frac{\sum_i v_i^3}{\Delta t} \tag{Gl. 3.26}$$

Werden die beiden Faktoren $\alpha = \frac{\sum_i v_i^2 - v_{i-1}^2 \text{ für } v_i > v_{i-1}}{\Delta t \cdot \bar{v}^2}$ und $\beta = \frac{\sum_i v_i^3}{\Delta t \cdot \bar{v}^3}$ eingeführt, lässt sich mit der Kapazität der Batterie E_{Batt} die Gleichung für die Reichweite in Abhängigkeit der Durchschnittsgeschwindigkeit $\bar{v}$ ausdrücken:

$$\text{Reichweite}(\bar{v}) = \frac{E_{Batt} \cdot \bar{v}}{\frac{1}{\eta_{Motor} \cdot \eta_{Inverter}} \cdot \left(\frac{\rho}{2} c_W \cdot A_x \cdot \beta \cdot \bar{v}^3 + \frac{m_{ges}}{2} \alpha \cdot \bar{v}^2 + m_{ges} \cdot g \cdot f_R \cdot \bar{v}\right) + P_{Klima}}$$
$$\tag{Gl. 3.27}$$

Die Faktoren α und β hängen nur von der Form des gefahrenen Geschwindigkeitsprofils ab, jedoch nicht von der Durchschnittsgeschwindigkeit. Wird der Ausdruck für die Reichweite nach der Durchschnittsgeschwindigkeit abgeleitet und zu Null gesetzt, folgt dass die Reichweite maximal ist für:

$$\left(\frac{\rho}{2} \cdot c_W \cdot A_x \cdot \beta \cdot \bar{v}^3 + \frac{m_{ges}}{2} \cdot \alpha \cdot \bar{v}^2 + m_{ges} \cdot g \cdot f_R \cdot \bar{v} - P_{Klima} \cdot \eta_{Motor} \cdot \right.$$
$$\left. \eta_{Inverter}\right) = 0 \qquad\qquad\qquad\qquad\qquad\qquad\qquad\qquad\qquad \text{(Gl. 3.28)}$$

Für die Bestimmung der Nullstellen werden die beiden Faktoren $a = \frac{m \cdot \alpha}{2 \cdot \rho \cdot c_W \cdot A_x \cdot \beta}$
und $b = \frac{P_{Klima} \cdot \eta_{Motor} \cdot \eta_{Inverter}}{\rho \cdot c_W \cdot A_x \cdot \beta}$ eingeführt. Zwei der drei Nullstellen sind imaginär
und somit nicht relevant. Die gesuchte Nullstelle ergibt sich zu:

$$\bar{v}_{Reichweite,max} =$$
$$-\frac{a}{3} + \frac{2^{1/3} \cdot a^2}{3 \cdot \left(-2 \cdot a^3 + 27 \cdot b + 3 \cdot \sqrt{3} \cdot \sqrt{-4 \cdot a^3 \cdot b + 27 \cdot b^2}\right)^{1/3}} + \frac{\left(-2 \cdot a^3 + 27 \cdot b + 3 \cdot \sqrt{3} \cdot \sqrt{-4 \cdot a^3 \cdot b + 27 \cdot b^2}\right)^{1/3}}{3 \cdot 2^{1/3}}$$

$$\text{(Gl. 3.29)}$$

Diese Geschwindigkeit stellt die optimale Durchschnittsgeschwindigkeit für
diesen Fall dar. Die Geschwindigkeits-Kennzahl N_v bringt die aktuelle Durchschnittsgeschwindigkeit $\bar{v}$ ins Verhältnis zur optimalen Durchschnittsgeschwindigkeit $\bar{v}_{Reichweite,max}$:

$$N_v = \frac{\bar{v}}{\bar{v}_{Reichweite,max}} \qquad\qquad\qquad\qquad\qquad\qquad\qquad \text{(Gl. 3.30)}$$

Zur Überprüfung der Vorgehensweise wurde die Bestimmung der Geschwindigkeits-Kennzahl in das Modell implementiert und Simulationen mit den Zyklen
CADC, NEFZ und NYCC mit einer fest vorgegebenen Klimatisierungsleistung
von 1 kW durchgeführt. Dabei wurde das Geschwindigkeitssignal mit einem
Faktor versehen, um die Durchschnittsgeschwindigkeit zu variieren. In Abbildung 40 sind die Ergebnisse als Reichweite über der Geschwindigkeits-Kennzahl
dargestellt. Für alle Zyklen ist das Maximum der Reichweite nahe bei der Geschwindigkeits-Kennzahl von 1. Da bei der Herleitung der Geschwindigkeits-
kennzahl von einem konstanten Wirkungsgrad von Motor und Leistungselektronik ausgegangen wurde, weichen die Ergebnisse leicht von der Herleitung ab.
Der Einbruch der Reichweite zu niedrigen Geschwindigkeits-Kennzahlen hin hat
seine Ursache im dominanten Energiebedarf der Klimatisierung. Bei Geschwindigkeits-Kennzahlen über 1 dominiert der Energiebedarf des Antriebs.
    Für die konstante Fahrt in der Ebene reduziert sich der Term aus Gl. 3.29
so, dass die Geschwindigkeit für die maximale Reichweite durch

$$v_{Reichweite,max} = \sqrt[3]{\frac{P_{Klima}}{\frac{1}{\eta_{Motor} \cdot \eta_{Inverter}} \cdot \rho \cdot c_W \cdot A_x}} \qquad\qquad \text{(Gl. 3.31)}$$

ausgedrückt werden kann. In Abbildung 41 ist der Vergleich zwischen der Vorhersage der optimalen Geschwindigkeit aus der Geschwindigkeits-Kennzahl mit der optimalen Geschwindigkeit, die in Geschwindigkeitsvariationen identifiziert wurde, in Abhängigkeit der Klimatisierungsleistung dargestellt. Bei niedrigen Klimatisierungsleistungen ist eine Abweichung zwischen den beiden Kurven erkennbar. Der Grund hierfür liegt in der Tatsache, dass für den Wirkungsgrad von Motor und Leistungselektronik ein mittlerer angenommen wird, der im niedrigen Geschwindigkeitsbereich den realen Wirkungsgrad übersteigt.

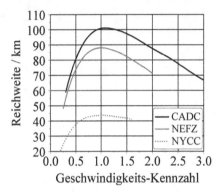

Abbildung 40: Reichweite bei einer festen Klimatisierungsleistung von 1 kW über der Geschwindigkeits-Kennzahl für CADC, NEFZ und NYCC

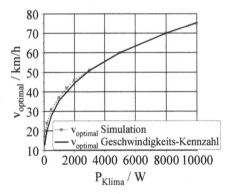

Abbildung 41: Geschwindigkeits-Kennzahl bei konstanter Geschwindigkeit: Vergleich Vorhersage mit Simulation

4 Optimierung des Energie- und Thermomanagements

Neben der Gewährleistung des sicheren und zuverlässigen Betriebes des Fahrzeuges ist es die Aufgabe des Energie- und Thermomanagements, den Energiebedarf zu reduzieren. In diesem Kapitel werden die Potenziale analysiert, die sich bei einer Senkung des Bedarfs zur Klimatisierung des Innenraums sowie durch Optimierungen im Fahrzeugbetrieb realisieren lassen.

4.1 Einfluss verschiedener Zyklen

Das erzielte Ergebnis ist durch den gewählten Bewertungsmaßstab beeinflusst. Daraus folgt für die Reichweitenbestimmung des BEFs ein nahezu beliebiges Ergebnis, das durch die Wahl verschiedener Randbedingungen und Zyklen beeinflusst wird. Deshalb werden hier mehrere verschiedene Zyklen verwendet, die sich stark unterscheiden. Der NEFZ ist als einziger der verwendeten Zyklen ein generischer. Die Zyklen CADC und NYCC sind „Real World" Zyklen. Während der NYCC durch sehr geringe Geschwindigkeiten und häufige Stopps gekennzeichnet ist, liegt beim CADC die Durchschnittsgeschwindigkeit deutlich höher. Der verwendete FKFS Zyklus ist eine aufgenommene Fahrt durch und um Stuttgart, wobei dieser Zyklus als einziger ein Steigungsprofil enthält.

4.1.1 Reichweite im Ausgangszustand

Die Basis für die Optimierungen stellt das Systemlayout aus Kapitel 3.1, Abbildung 4, dar. Hier sind die schon erwähnten Optimierungen, wie die Wärmepumpe, der Innenraumheizer sowie der Verbindungskreislauf zwischen Motor- und Batteriekreislauf umgesetzt. Es soll im Folgenden noch dargestellt werden, welchen Einfluss diese Optimierungen auf die Reichweite des BEFs haben. Für die Bestimmung der Reichweite werden die Zyklen, Strecken und Randbedingungen aus Kapitel 3.1.2 herangezogen. Da ein Hochrechnen der Reichweite auf Basis einer gewissen befahrenen Strecke sowie der zugehörigen Ladezustandsänderung aufgrund des zeitlich variablen Energiebedarfs für die Klimatisierung des Fahrzeuginnenraums fehlerbehaftet ist, wird die Reichweite identifiziert, indem der jeweilige Zyklus bis zu einem Restladezustand der Batterie von 10%[1] gefahren

---

[1] Bei einem Ladezustand von 10% wird die Batterie hier als entladen angesehen.

wird. Die sich für das gewählte Fahrzeug ergebenden Reichweiten sind in Abbildung 42 dargestellt. Vor allem bei niedrigen Temperaturen nimmt die Reichweite des Fahrzeugs durch den hohen Heizleistungsbedarf des Innenraums stark ab.

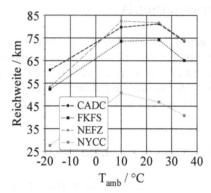

Abbildung 42: Reichweite des untersuchten BEFs in den untersuchten Zyklen für die Standardkonfiguration

Wird die Geschwindigkeits-Kennzahl aus Kapitel 3.4 herangezogen, um das Ergebnis zu bewerten, wird offensichtlich, dass für alle Punkte, mit der Ausnahme von NYCC/Kiruna, die Geschwindigkeits-Kennzahl einen Wert größer eins annimmt, siehe Abbildung 43. Daraus folgt, dass der Antrieb der dominante Verbraucher ist, obwohl die Reichweite in den Zyklen stark einbricht. Das Fahrzeug würde also weiter kommen, wenn es bei der gegebenen Klimatisierungsleistung langsamer fahren würde. Bei dem Punkt NYCC/Kiruna hingegen würde eine Erhöhung der Durchschnittsgeschwindigkeit zu einer Erhöhung der Reichweite führen.

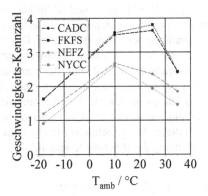

Abbildung 43:   Geschwindigkeits-Kennzahl für das untersuchte BEF in den untersuchten Zyklen für die Standardkonfiguration

4.1.2   Bestimmung des Reichweitenpotenzials

Zunächst soll identifiziert werden, welche Potenziale durch die Reduzierung des Energiebedarfs darstellbar wären, wenn keine Energie für das Thermomanagement des Fahrzeugs sowie die Klimatisierung des Fahrzeuginnenraums aufgewendet würde. Es wird angenommen, dass die Komponenten des Antriebsstrangs nicht unter Temperatureinfluss stehen. Daraus ergibt sich eine maximale theoretische Reichweite. In Abbildung 44 ist die Differenz zwischen tatsächlicher und theoretischer Reichweite dargestellt.

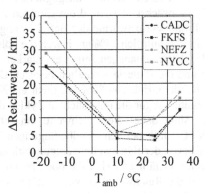

Abbildung 44:   Reichweitenpotenzial für das untersuchte BEF in den untersuchten Zyklen für die Standardkonfiguration

Im Vergleich zwischen Abbildung 42 und Abbildung 44 wird klar, dass ein erheblicher Anteil der zur Verfügung stehenden Batterieladung für die Klimatisierung und das Thermomanagement verwendet wird. Das Reichweitenpotenzial stellt also die Differenz aus der simulierten Reichweite und der theoretischen Reichweite dar. Dies entspricht einer Erhöhung der simulierten Reichweite von 4% bis 105%. Im Mittel ergibt sich für die untersuchten Zyklen ein Potenzial von 27,5%. Wird zusätzlich die maximale Verzögerung der Rekuperation von -0,35 m/s² auf das erhöht, was der Motor maximal in der Lage ist zu rekuperieren, erhöht sich dieser Wert nochmals drastisch. Es ergibt sich damit im Mittel eine mögliche Erhöhung der Reichweite von 46%.

4.1.3   Reichweite bei „End of Life" der Batterie

Für die Bewertung der Reichweite des Fahrzeugs beim „End of Life", aus dem englischen: Lebensende, Kriterium ist eine Nutzungsdauer vorgegeben worden, die in einer Restkapazität von 80% resultiert. Laut Jossen [15] ist das Lebensende der Batterie erreicht, wenn noch 60-80% Restkapazität vorhanden sind. Mit den vorhandenen Daten des Alterungsmodells musste dafür eine Nutzungsdauer von 10 Jahren mit durchschnittlich 600 Fahrten pro Jahr, nach denen das Fahrzeug immer wieder geladen wird, vorgegeben werden. Neben der um 20% reduzierten verfügbaren Kapazität steigt der Innenwiderstand der Batterie um ca. 20% an. Dies führt zu einem höheren Spannungsabfall zwischen der idealen Spannungsquelle und den Klemmen der Batterie. Aufgrund der Tatsache, dass die Leistungsanforderung an die Batterie gleich geblieben ist, muss die reduzierte Klemmspannung mit höheren Strömen ausgeglichen werden, wodurch der Spannungsabfall weiter anwächst. Aufgrund des direkten Zusammenhangs zwischen Spannungsabfall und Verlustwärme der Batterie steigt die Wärmeproduktion der Batterie um durchschnittlich 14% an. Durch die höhere Wärmeproduktion der Batterie ist das Thermomanagementsystem stärker belastet, was dessen Energiebedarf erhöht und die Batterie zusätzlich belastet. Daraus folgt, dass die Reichweite bei einer Restkapazität von 80% um mehr als 20% einbricht. In Abbildung 45 sind die Ergebnisse für die untersuchten Zyklen dargestellt.

Im Durchschnitt sinkt dabei die Reichweite um 30%. Bei den Zyklen CADC, NEFZ und NYCC fällt bei den Randbedingungen Wärmepumpenpunkt und Frankfurt die Reduktion der Reichweite weniger stark aus, da hier die Belastung der Batterie kleiner ausfällt und sich die oben beschriebenen Sekundäreffekte weniger stark auf die Reichweite auswirken können. Beim FKFS Zyklus fällt die Reduktion der Reichweite bei den Randbedingungen Kiruna und Málaga weniger stark aus als bei den anderen Randbedingungen. Die Ursache dafür liegt in der langen Fahrt des FKFS Zyklus begründet. Mit einer Länge von über 60 km wird die Strecke in der Basiskonfiguration mit neuer Batterie aufgrund der verfügbaren Batteriekapazität nicht bei allen Temperaturen vollständig durchfahren und für die Temperaturen, bei denen er vollständig gefahren werden kann, wird er nur ca. 1,2 mal geschafft. Mit reduzierter Batteriekapazität kann er bei keiner Temperatur mehr vollständig durchfahren werden. Durch sein stark variierendes Geschwindigkeits- und Steigungsprofil weicht die Reichweitenänderung beim FKFS Zyklus von den anderen Zyklen, die alle mehrfach durchfahren werden, ab.

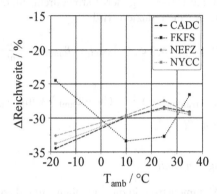

Abbildung 45: Reduktion der Reichweite für das untersuchte BEF in den untersuchten Zyklen für die Standardkonfiguration für eine auf EoL gealterte Batterie

4.2 Reichweitenerhöhung durch Energiebedarfssenkung

Der größte Verbraucher neben dem Antrieb selbst ist die Klimatisierung des Fahrzeuginnenraums. Durch die Untersuchung verschiedener Optimierungen wird im folgenden Kapitel untersucht, welche Anteile des Reichweitenpotenzials umgesetzt werden können. Die Ergebnisse beziehen sich dabei immer auf ein Fahrzeug, dessen Innenraum auf die Wohlfühltemperatur nach DIN 1946-3 geregelt wird. Der Volumenstrom durch den Innenraum ist zunächst mit ca. 70 g/s konstant. Ist die Solltemperatur im Innenraum auf 5 K genau erreicht, wird die Gebläsedrehzahl reduziert, um die Leistungsaufnahme zu reduzieren.

Der Wärmestrom der Klimatisierung ist die Summe aus dem Wärmestrom durch die Karosserie $k \cdot A \cdot (\vartheta_I - \vartheta_{amb})$, dem Abluftwärmestrom $\dot{m}_L \cdot c_p \cdot (\vartheta_{amb} - \vartheta_{Abluft})$, der Sonneneinstrahlung $\dot{Q}_{Sonneneinstrahlung}$ sowie dem Wärmestrom zum Heizen oder Kühlen der thermischen Massen im Innenraum $\frac{d(\Delta\vartheta_I)}{dt} \cdot \sum m_i \cdot c_i$. Dargestellt sind die Zusammenhänge in Gleichung (Gl. 4.1) für den Winterbetrieb und in Gleichung (Gl. 4.2) für den Sommerbetrieb [123]. Darin sind k der Wärmedurchgangskoeffizient, A die Wärmeübertragende Fläche, ϑ_I die Innenraumtemperatur, ϑ_{amb} die Umgebungstemperatur, $\dot{m}_L$ der Luftmassenstrom, c_p die spezifische isobare Wärmekapazität, ϑ_{Abluft} die Ablufttemperatur, $\frac{d(\Delta\vartheta_I)}{dt}$ die Änderung der Temperatur der i-ten Masse, m_i die i-te Masse und c_i die spezifische isobare Wärmekapazität der i-ten Masse. Aus den Gleichungen folgt, dass sich die nötige Klimatisierungsleistung reduzieren lässt, wenn der Volumenstrom zur Klimatisierung, die Temperaturdifferenz zwischen Innenraum und Umgebung, der Wärmedurchgang durch die Karosserie oder die eingestrahlte Wärme reduziert wird.

$$\dot{Q}_{zu} = k \cdot A \cdot (\vartheta_I - \vartheta_{amb}) + \dot{m}_L \cdot c_p \cdot (\vartheta_{Abluft} - \vartheta_{amb}) + \frac{d(\Delta\vartheta_I)}{dt} \cdot \sum m_i \cdot c_i$$

(Gl. 4.1)

$$\dot{Q}_{sensibel} = \dot{Q}_{Sonneneinstrahlung} + k \cdot A \cdot (\vartheta_I - \vartheta_{amb}) + \dot{m}_L \cdot c_p \cdot (\vartheta_{amb} - \vartheta_{Abluft}) + \frac{d(\Delta\vartheta_I)}{dt} \cdot \sum m_i \cdot c_i$$

(Gl. 4.2)

4.2.1   Verwendung von Umluft

Eine Methode, den Volumenstrom in die Umgebung zu reduzieren, besteht darin, einen gewissen Anteil der Luft wieder dem Klimamodul zuzuführen. Es wird hierbei von Umluftbetrieb gesprochen. Durch diese Vorgehensweise wird bei sonst gleichen Bedingungen der Abluftwärmestrom reduziert. Die Auswirkung auf die Reichweite ist insbesondere bei hohen und niedrigen Temperaturen erheblich. Bei einem Umluftvolumenstrom von 50% lassen sich in den untersuchten Zyklen bis zu 13% mehr Reichweite darstellen, wie in Abbildung 46 zu sehen ist. Da ohne den Umluftanteil die durchschnittliche Leistungsaufnahme für die Klimatisierung bei der Randbedingung Kiruna am höchsten ausfällt, können hier auch die größten Reichweitenerhöhungen dargestellt werden. Wie oben bereits erwähnt, wird bei den hier verglichenen Fällen der Luftmassenstrom reduziert, sobald die Differenz zwischen Soll- und Ist-Temperatur kleiner 5 K ist. Wird stattdessen ein konstanter Luftmassenstrom von ~70 g/s vorgegeben, ist die Reichweitenerhöhung nochmals größer. Hierbei kann bei 50% Umluftrate die Reichweite in etwa um die doppelten Werte aus Abbildung 46 gesteigert werden. Der Grund hierfür liegt darin, dass die durchschnittliche Leistungsaufnahme zur Klimatisierung bei einem konstanten Luftmassenstrom von ~70 g/s deutlich höher ist und somit eine Reduktion des Abluftmassenstroms eine größere Auswirkung auf die durchschnittliche Leistungsaufnahme für die Klimatisierung hat.

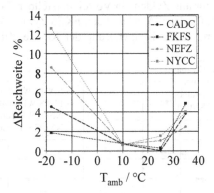

Abbildung 46: Erhöhung der Reichweite des untersuchten BEFs in verschiedenen Zyklen für die Standardkonfiguration mit 50% Umluftanteil

4.2.2 Anpassung der Solltemperatur im Innenraum

Über eine Anpassung der Solltemperatur im Innenraum lässt sich nicht nur der Abluftwärmestrom reduzieren, sondern auch der Wärmedurchgang durch die Karosserie. Allerdings muss aufgrund der Änderung der Innenraumtemperatur der thermische Komfort der Insassen durch alternative Maßnahmen sichergestellt werden. Für die Untersuchung wurde ein Ergebnis aus der FAT Schriftenreihe, Nummer 261 [124] herangezogen. Es wird darin dargestellt, welche Wärmeleistung die Sitzheizung in Abhängigkeit der Innenraumtemperaturabsenkung abgeben muss, um das Wärmedefizit vollständig auszugleichen. Diese Abhängigkeit ist in das Modell implementiert und für eine Absenkung der Innenraumtemperatur von 5 K und 7 K auf ihr Potenzial hin untersucht. Bei der untersuchten Randbedingung Kiruna stellten sich sowohl bei 5 K als auch bei 7 K deutliche Erhöhungen der Reichweite ein. Es sind 2 - 11% nachweisbar, siehe Abbildung 47. Bei der Randbedingung Wärmepumpenpunkt hingegen ist die Auswirkung auf die Reichweite neutral bis negativ. Es ist nur 0 - 2% mehr Reichweite möglich. Die Ursache hierfür liegt darin, dass zwar die Kompressorenergieaufnahme deutlich gesenkt werden kann, allerdings die zusätzlich Leistungsaufnahme der Sitzheizung den Effekt teilweise kompensiert bzw. überkompensiert. Bei den Untersuchungen ist nur von einem Fahrer ohne Passagiere ausgegangen worden. Es wird somit ein Best-Case-Szenario dargestellt. Wird die Anzahl der Passagiere und damit auch die Leistungsaufnahme für die Sitzheizungen erhöht, so ändert sich das Bild, siehe dazu Abbildung 48. Bei der Randbedingung Kiruna kann bei einer Absenkung der Innenraumtemperatur von 7 K auch mit drei zusätzlichen Passagieren noch ein Vorteil in der Größe von 1,5% - 7% dargestellt werden. Beim Wärmepumpenpunkt und einer Absenkung von 5 K ist mit einem zusätzli-

chen Passagier noch für alle Zyklen ein Vorteil darstellbar. Bei zwei zusätzlichen
Passagieren nur noch für den CADC und den FKFS Zyklus. Werden drei weitere
Personen transportiert, ist die Temperierung der Kabine effizienter als die kör-
pernahe Heizung.

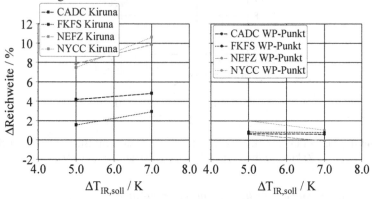

Abbildung 47: Erhöhung der Reichweite des untersuchten BEFs in verschiedenen
Zyklen für die Standardkonfiguration bei einer Absenkung der Innen-
raumsolltemperatur von 5 K und 7 K mit Kompensation des Wärmedefizits

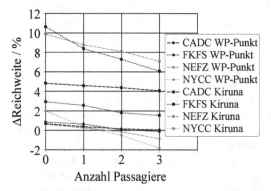

Abbildung 48: Erhöhung der Reichweite des untersuchten BEFs in verschiedenen
Zyklen für die Standardkonfiguration bei einer Absenkung der Innen-
raumsolltemperatur von 5 K (Wärmepumpenpunkt) bzw. 7 K (Kiruna)
mit Kompensation des Wärmedefizits über der Anzahl der Passagiere

4.2.3   Isolation der Kabine

Wird die Isolation der Kabine verbessert, lässt sich dadurch der Wärmedurchgang durch die Karosserie reduzieren. In Folge dessen sinkt der aufzuwendende
Wärmestrom, um die Kabine zu heizen. Im Simulationsmodell ist eine Wärmeübertragung zwischen Umgebung und Innenraum nur über die Scheiben sowie
die Türen und das Dach implementiert. Zur Untersuchung, welche Sensitivität
die Isolation von Dach und Türen auf die Reichweite hat, wird ausgehend vom
Basismodell aus Kapitel 3.3.7 die Wärmeleitung in diesen Komponenten ver-
doppelt und vervierfacht, also effektiv die Dicke halbiert bzw. geviertelt. Von
einer Variation der Isolierung der Scheiben wurde abgesehen, da [125] gezeigt
hat, dass das wesentliche größere Potenzial in der thermischen Isolierung der
Türen und des Daches liegt. Wird mit doppelter und vierfacher Wärmeleitung
der Verifizierungsfall aus Kapitel 3.3.7 wiederholt, so wird der summarische
Wärmestrom über alle die Kabine verlassende Pfade um 20 W bzw. 50 W erhöht. Aufgrund dieser geringen Änderung der Wärmeströme lässt sich auch
erklären, warum die Unterschiede in der Reichweite in der Zyklussimulation sehr
gering ausfallen. Bei den Umgebungsbedingungen von Wärmepumpenpunkt,
Frankfurt und Málaga ist die Differenz zwischen der Wohlfühltemperatur und
der Umgebungstemperatur mit 3 K - 12 K recht klein und es stellen sich Unterschiede bei der Fahrtzeit ein, die im niedrigen Sekundenbereich liegen. Selbst bei
der Randbedingung Kiruna, wo das treibende Temperaturgefälle mit ca. 45 K
deutlich größer ist, stellen sich nur kleine Defizite in der Reichweite von bis zu
2% ein, siehe Abbildung 49. Daraus folgt, dass vor allem bei den langsameren
Zyklen die Reichweite stärker beeinflusst wird, da hier die übertragene Wärmemenge mit der Zeit ansteigt.

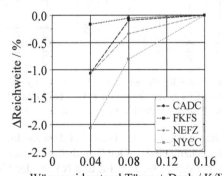

Abbildung 49:   Einfluss des Wärmewiderstands von Türen und Dach auf Reichweite bei
der Randbedingung Kiruna für das untersuchte BEF mit Standardkonfiguration

4.2.4　Heizung des Innenraums

Gemäß Abbildung 4 verfügt das Fahrzeug über drei verschiedene Wärmequellen, um den Innenraum bei niedrigen Temperaturen zu Heizen: den PTC, die Wärmepumpe und einen konventionellen Innenraumheizer. Damit verfügt das Fahrzeug bereits über einige Optimierungen des Thermomanagements. Im Folgenden wird betrachtet, wie stark die Reichweite des Fahrzeugs reduziert wird, wenn einzelne oder mehrere dieser Wärmequellen nicht zur Heizung herangezogen werden. Dabei wird der PTC aber immer mit verwendet, da dieser die Grundfunktionalität der Heizung sicherstellt, siehe Kapitel 3.2.6.

Entfall des konventionellen Innenraumheizers und der Wärmepumpe
Zunächst wird der Fall betrachtet in dem weder die Wärme aus dem Motorkreislauf mit Hilfe des konventionellen Innenraumheizers noch die Wärmepumpe genutzt wird, um den Innenraum zu Heizen. D. h., der Innenraum wird nur durch den PTC geheizt. Die zugehörigen Ergebnisse sind in Abbildung 50 dargestellt. In diesem Fall sinkt die Reichweite um 4% - 13%.

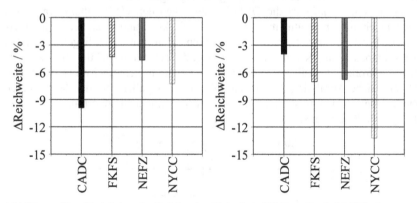

Abbildung 50:　Reduktion der Reichweite (links bei -18°C; rechts bei 10°C) des untersuchten BEFs in verschiedenen Zyklen bei Entfall des Innenraumheizers und der Wärmepumpe (Heizung nur durch den PTC)

Auffällig in der Abbildung ist, dass der Trend bei dem Zyklus CADC den anderen Trends zu widersprechen scheint. Der Grund für die unterschiedlichen Verläufe liegt darin, dass bei den Zyklen NEFZ und NYCC der Mehraufwand ohne Innenraumheizer und Wärmepumpe bei der Randbedingung Wärmepumpenpunkt größer ist als bei der Randbedingung Kiruna. Bei den anderen beiden Zyklen ist dies umgekehrt, weil hier aufgrund der wegfallenden Abwärme des Motorkreislaufes zum Heizen des Innenraums die Gebläsedrehzahl erst später reduziert werden kann. Dementsprechend bedarf das Ergebnis des FKFS Zyklus bei der Randbedingung Kiruna weiterer Erklärung. Aufgrund der erhöhten Energieaufnahme zur Heizung des Innenraums sollte hier die Reichweite stärker einbrechen. Da jedoch der momentane Streckenverbrauch für den Zeitpunkt, an dem die Batterie entladen ist, bei der Randbedingung Kiruna deutlich anspruchsvoller ist als beim Wärmepumpenpunkt, fällt bei der Randbedingung Kiruna die Reduktion der Reichweite kleiner aus.

Entfall des konventionellen Innenraumheizers

Im hier betrachteten Fall wird die Wärme aus dem Motorkreislauf mit Hilfe des konventionellen Innenraumheizers nicht genutzt. D. h., der Innenraum wird durch den PTC und die Wärmepumpe geheizt. Abbildung 51 zeigt die Einbußen in der Reichweite. Bei der Randbedingung Kiruna, siehe Abbildung 51 links, sind deutliche Einbußen bei der Reichweite zu erkennen. Es treten dieselben Einbußen wie in Abbildung 50 auf, da bei der Umgebungstemperatur von -18°C die Wärmepumpe nicht genutzt werden kann und somit die beiden Fälle gleich sind. Für die Randbedingung Wärmepumpenpunkt, siehe Abbildung 51 rechts, sind die Einbußen im Vergleich zu obigem Fall deutlich geringer, da hier die Wärmepumpe die nötige Heizleistung aufbringt. Obwohl die Einflüsse bei 10°C Umgebungstemperatur gering sind, ist auch in diesem Fall durch die Verwendung des Innenraumheizers eine höhere Reichweite darstellbar.

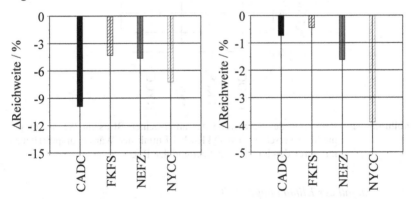

Abbildung 51:   Reduktion der Reichweite (links bei -18°C; rechts bei 10°C) des untersuchten BEFs in verschiedenen Zyklen bei Entfall des Innenraumheizers (Heizung durch Wärmepumpe und PTC)

Bei der Bewertung der Ergebnisse für die Verwendung eines Innenraumheizers muss berücksichtigt werden, dass das vorliegende Fahrzeug über einen Asynchronmotor verfügt, der aufgrund seiner niedrigen Nennspannung einen für

Elektromotoren niedrigen Wirkungsgrad hat. Verfügte das Fahrzeug über einen Synchronmotor, wäre dieser Effekt weniger stark ausgeprägt.

Entfall der Wärmepumpe

Hier soll der Fall betrachtet werden, in dem zur Heizung des Innenraums die Wärmepumpe nicht verwendet wird. D. h., der Innenraum wird durch den PTC und den konventionellen Innenraumheizer geheizt. Bei den untersuchten Umgebungstemperaturen wird nur bei der Randbedingung Wärmepumpenpunkt die Wärmepumpe verwendet. Deshalb sind die Ergebnisse nur für die Umgebungstemperatur von 10°C dargestellt, siehe Abbildung 52. Steht die Wärmepumpe nicht zur Heizung des Innenraums zur Verfügung, sink die Reichweite um 1 - 6,5%. Sollte weniger bis keine Abwärme aus dem Motorkreis genutzt werden, bricht die Reichweite ohne Wärmepumpe im Extremfall, also ohne Nutzung der Abwärme aus dem Motorkreis, auf die Werte aus Abbildung 50 ein. Das bedeutet für eine Konfiguration ohne Wärmepumpe einen Einbruch der Reichweite um 4% - 13%.

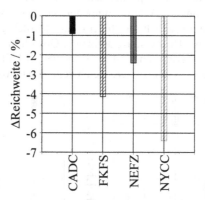

Abbildung 52: Reduktion der Reichweite des untersuchten BEFs im Wärmepumpenpunkt in verschiedenen Zyklen bei Entfall der Wärmepumpe (Heizung nur durch den Innenraumheizer und den PTC)

4.2.5 Entfall der Klimaanlage (AC)

Obwohl ein Elektrofahrzeug ohne Klimaanlage aus Komfortsicht und aufgrund der Batterielebensdauer kritisch zu bewerten ist, soll der Reichweitenzugewinn bei einer Systemkonfiguration ohne Klimaanlage wie im Systemaufbau im Anhang, Abbildung 93, untersucht werden. Neben dem Wegfall der Klimatisierungsleistung für den Innenraum im Sommer entfällt auch der Betrieb des Chillers. Dadurch ist ein Betrieb des Sauglüfters nur noch sporadisch erforderlich, was die Reichweite zusätzlich erhöht. Es sind zwischen 2,7% und 15,6% darstellbar, siehe Abbildung 53. Die sich in der Simulation maximal einstellenden Batterietemperaturen von <45°C sind im sicheren Betriebsbereich, haben allerdings einen deutlichen Einfluss auf die Alterung.

Im Vergleich mit den Ergebnissen ohne den Betrieb des Chillers (Kapitel 4.2.12) kann abgeschätzt werden, dass beim Betrieb ohne Innenraumklimatisierung aber mit Chiller voraussichtlich je nach Umgebungsbedingung und Zyklus 3 - 12% an zusätzlicher Reichweite möglich sind.

Neben dem großen Optimierungsfeld „Fahrzeuginnenraum" ergeben sich beim BEF weitere Möglichkeiten, den Energiebedarf zu reduzieren. Im Folgenden wird untersucht, welche Potenziale sich erschließen lassen.

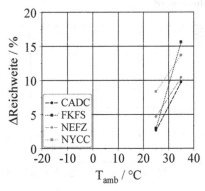

Abbildung 53: Erhöhung der Reichweite des untersuchten BEFs in den untersuchten Zyklen für die Standardkonfiguration bei Entfall der Klimaanlage

4.2.6 Motortemperaturregelung

Wie in Kapitel 3.2.4 beschrieben, verfügt der hier verwendete Asynchronmotor über einen temperaturabhängigen Wirkungsgrad. Die in Kapitel 3.2.7 entwickelte theoretische Herleitung, ob sich bei dem zu befahrenden Zyklus eine niedrigere oder höhere Motortemperatur positiv auswirkt, ist anhand der Zyklussimulationen überprüft worden. Neben dem NYCC hat die Bergfahrt in den Grundsatzuntersuchungen gezeigt, dass hier bei niedrigerer Temperatur der Motorwirkungsgrad im Durchschnitt höher ist. Bei der thermischen Absicherung des Fahrzeugs hat sich gezeigt, dass die Bergfahrt den thermisch anspruchsvollsten Betriebspunkt darstellt. Da aufgrund des Auslegungskriteriums des Kühlsystems, bei diesem Betriebspunkt die Motorkerntemperatur von 120°C nicht zu überschreiten, die Kühlmittelpumpe und der Sauglüfter bereits mit maximaler Drehzahl arbeiten, ist eine Absenkung der Motortemperatur nicht möglich. Beim Zyklus NYCC ist die mittlere Wärmeproduktion des Motors deutlich kleiner, wodurch eine Absenkung der Motortemperatur möglich ist. Obwohl dadurch eine Absenkung der Wärmeentstehung des Motors möglich ist, stellt sich keine größere Reichweite ein. Der Aufwand zur Reduktion der Motortemperatur durch die erhöhte Leistungsaufnahme der Kühlmittelpumpe ist größer als die Reduktion des Energiebedarfs des Motors. Abbildung 54 zeigt die Summe aus dem integralem Wärmestrom des Motors und integraler Antriebsleistung der Kühlmittelpumpe in Abhängigkeit der Motorsolltemperatur für eine Fahrzeit von 13980[2] Sekunden im NYCC. Es ist zu erkennen, dass bei einem Ansteigen der Motorsolltemperatur die Summe um ca. 30 Wh sinkt. Ab einer Motorsolltemperatur von 70°C fällt die Summe nicht weiter ab, da die Pumpe nur noch auf Minimaldrehzahl läuft und die Motortemperatur nicht mehr durch die Wahl der Motorsolltemperatur beeinflusst wird.

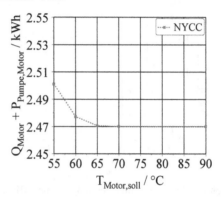

Abbildung 54:   Summe aus den Verlusten des Motor plus der Antriebsenergie der Pumpe im Zyklus NYCC bei der Umweltbedingung Málaga

Außer dem NYCC und der Bergfahrt haben alle anderen Zyklen gezeigt, dass bei einer höheren Motortemperatur ein durchschnittlich besserer Wirkungsgrad resultiert, siehe Kapitel 3.2.4. Beim NYCC und der Bergfahrt sind die Motorbetriebspunkte vorwiegend in einem Kennfeldbereich, indem der Wirkungsgrad mit steigender Temperatur niedriger wird. Bei den anderen Zyklen sind die Motorbetriebspunkte in einem Kennfeldbereich, indem der Wirkungsgrad mit steigender Temperatur höher wird. Es ist also theoretisch möglich mit einer im Durchschnitt höheren Motortemperatur die Reichweite zu erhöhen. Für die Abschätzung des Potenzials wurden zunächst die mittleren Verlustwärmeströme in Abhängigkeit der Motortemperatur für die untersuchten Zyklen herangezogen. Diese werden mit der für die Aufheizung erforderlichen Wärmemenge vergli-

---

[2] Um eine möglichst lange Zeitdauer zu betrachten, wird an dem Zeitpunkt verglichen, an dem bei der energiebedarfsintensivsten Konfiguration die Batterie entladen ist.

chen. Für die Zyklen CADC, FKFS und NEFZ ergibt sich daraus, dass ein Heizen des Motors einen Vorteil bringen kann, allerdings erst nach zwei- bis vierfacher Durchfahrt des Zyklus. Da sich ein positiver Effekt erst nach mehrfacher Durchfahrt des Zyklus einstellen kann, sind die Reichweiten mit einem modifizierten Modell erneut berechnet worden. Dabei wird bis zu einer Motorkerntemperatur von 70°C alle Energie, die rekuperiert wird, als Heizleistung für den Motor verwendet. Ist die Kerntemperatur von 70°C erreicht, wird wie im Basismodell rekuperiert.

Die Ergebnisse zeigen, dass über das beschleunigte Aufheizen des Motors die Reichweite nicht erhöht werden kann. Die Ursache liegt darin, dass das höhere Temperaturniveau des Motors für zwei bis vier Zyklen vorliegen muss, um eine Erhöhung der Reichweite zu ermöglichen. Dieses höhere Temperaturniveau liegt allerdings nur etwas mehr als 1,5 Zyklen (1800 s) vor, wie Abbildung 55 zeigt. Nachdem die Motortemperatur bei ca. 900 s die 70°C Schwelle überschreitet, wird nicht weiter geheizt und die beiden Temperaturverläufe gleichen sich durch die Kühlstrategie an.

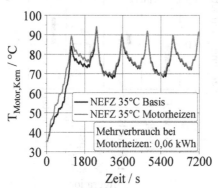

Abbildung 55: Motortemperaturverlauf mit und ohne beschleunigtem Aufheizen des Motors im NEFZ bei der Umweltbedingung Málaga

4.2.7   Isolation von Motor und Inverter

Neben den offensichtlichen Wärmepfaden, den Wärmeübertragern, besitzt das Kühlsystem des Fahrzeugs weitere Pfade, über die Wärme in die Umgebung übertragen bzw. von dieser aufgenommen wird. Da das Fahrzeug sowohl die im Motorkreis entstehende Wärme nutzen kann als auch einen von der Motortemperatur abhängigen Wirkungsgrad besitzt, ist es interessant, wie sich eine Wärmedämmung der betroffenen Komponenten auswirkt. Da der Motorwirkungsgrad bei den meisten Zyklen mit steigender Temperatur zunimmt, siehe Kapitel 3.2.4, wird durch die Variationen eine beschleunigte Motoraufheizung angestrebt. In der Simulationsumgebung können auch Parameter variiert werden, die in der Realität nicht ohne erheblichen Aufwand abgebildet werden können. Deshalb werden auch die Massen der Befestigungen des Motors sowie die Masse des Motors auf 70% skaliert, um ein schnelleres Aufheizen des Motors zu erreichen.

In der Voruntersuchung wurde identifiziert, wie viel Energie bei einer einmaligen Durchfahrt des NEFZ mit den unterschiedlichen Konfigurationen bei den definierten Umgebungsbedingungen eingespart werden kann, wie in Abbildung 56 ersichtlich. Aufgrund des starken Eingriffs in die Wärmeabfuhr von Motor und Leistungselektronik, wurden diese Änderungen mit der Bergfahrt, die den thermisch kritischsten Fall darstellt, überprüft. Der sichere Betrieb kann bei allen Konfigurationen gewährleistet werden, allerdings sind die Konfigurationen mit thermisch isoliertem Motor sehr nahe an der Derating-Grenze.

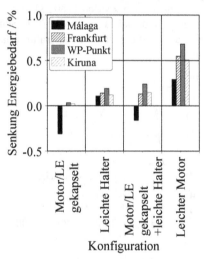

Abbildung 56:   Ergebnisse der Voruntersuchung zur Variation von Kapselung und thermischen Massen für das untersuchte BEF für die Standardkonfiguration im NEFZ

Bei den Umgebungsbedingungen Kiruna, Wärmepumpenpunkt und Frankfurt stellen sich ähnliche Einsparungen ein, siehe dazu ebenfalls Abbildung 56. Bei den Bedingungen Wärmepumpenpunkt und Frankfurt sind die gesteigerte Motortemperatur, und damit ein besserer Motorwirkungsgrad ausschlaggebend für die Reduktion des Energiebedarfs. Bei der Umweltbedingung Málaga verhält sich der Trend abweichend zu den anderen Temperaturen. Der Grund hierfür liegt in der thermisch isolierten Leistungselektronik. Diese erwärmt sich stärker als in der Ausgangskonfiguration. Deshalb muss die Kühlmittelpumpe im Motorkreislauf auf einem höheren Drehzahlniveau betrieben werden. Aus dem Diagramm lässt sich schließen, dass Konfigurationen sinnvoll sind, die ein schnelle-res Aufheizen des Motors ermöglichen, allerdings sollte die Wärmeabfuhr nicht beeinflusst werden. Daraus folgend werden die Massen der Komponenten redu-ziert, um ein schnelleres Aufheizen zu ermöglichen. Eine Zusätzliche thermische Isolation erfolgt nicht.

Nur mit den Konfigurationen „Leichte Halter" und „Leichter Motor" kann für alle untersuchten Temperaturen eine Reduktion des Energiebedarfs erreicht werden, da bei den Konfigurationen mit gekapselter Leistungselektronik durch die stärker benötigte Kühlmittelpumpe der Energiebedarf steigt. Aufgrund der geringen Werte für die Konfiguration „Leichte Halter", wird nur die Konfigura-tion „Leichter Motor" mit allen Zyklen und Umgebungstemperaturen auf die Reichweitensteigerung hin untersucht.

Die zugehörigen Ergebnisse sind in Abbildung 57 dargestellt. Wie zu er-warten war, stellt sich im NYCC keine Erhöhung der Reichweite ein, weil die Motorbetriebspunkte bei niedrigeren Temperaturen einen höheren Wirkungsgrad haben. Aber bei der Randbedingung Kiruna wird eine höhere Reichweite er-reicht. Hier ist der konventionelle Innenraumheizer die Ursache. Aufgrund des höheren Wärmeeintrags in den Motorkreislauf wird das PTC-Element entlastet und die Reichweite steigt. Werden alle Zyklen berücksichtigt, so stellt sich nur für die Randbedingung Kiruna ein Vorteil ein. Bei den anderen Umgebungstem-peraturen ist kein eindeutiger Trend identifizierbar. Dennoch ist bei Berücksich-tigung aller 16 Punkte im Schnitt eine Erhöhung der Reichweite um 0,4% dar-stellbar.

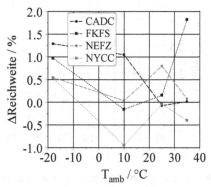

Abbildung 57: Einfluss auf die Reichweite des untersuchten BEFs in verschiedenen Zyklen für die Standardkonfiguration bei 70% Motormasse

4.2.8   Abwärmenutzung zur Batterieheizung

Bei Analyse der Energiebilanz des Fahrzeugs wird klar, dass bei den beiden niedrigen Umgebungstemperaturen ein erheblicher Anteil der verfügbaren Batterieladung für die Heizung der Batterie aufgebracht wird. Für die Heizung der Batterie wird in der Konfiguration aus Abbildung 4 unterhalb von 10°C das PTC Element verwendet. Dies verwendet die gespeicherte Energie der Batterie und somit eine hochwertige Energieform, um sie in die niedrige Energieform Wärme zu wandeln. Wird statt der reinen Exergie aus der Batterie Abwärme aus dem Motorkreislauf verwendet, wird die Reichweite erhöht. Zur Überprüfung ist das Modell so angepasst, dass statt einer Ansteuerung des PTC Elements ein Ventil geöffnet wird, das die beiden Fluidkreisläufe verbindet. Hier wurde statt der Umgebungstemperatur 10°C die Umgebungstemperatur 7°C gewählt, um ein Heizen der Batterie zu erzwingen. Durch die Nutzung von Abwärme kann bei 7°C und der Randbedingung Kiruna 0,3 - 0,5 kWh Energie eingespart werden. Dies führt zu einer Steigerung der Reichweite um ca. 1 - 3%, siehe Abbildung 58. Je nachdem zu welchem Streckenpunkt des Zyklus die Batterie entladen ist, kann die durch die Energieeinsparung erzielte Energiereserve für eine über dem Energiebedarf des folgenden Streckenabschnitt variierende Restreichweite genutzt werden. Aufgrund des hohen momentanen Streckenverbrauchs bei FKFS/Kiruna zu dem Zeitpunkt wenn die Batterie entladen ist, fällt die Reichweitenerhöhung geringer aus als die Senkung des Energiebedarfs vermuten lässt.

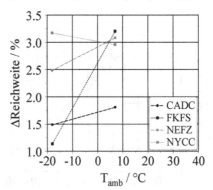

Abbildung 58:   Erhöhung der Reichweite des untersuchten BEFs in verschiedenen Zyklen für die Standardkonfiguration mit Abwärmenutzung zur Heizung der Batterie

4.2.9 Isolation der Batterie

In der Basiskonfiguration des Simulationsmodells ist für die Batterie nur eine Wärmeübertragung an das Kühlmedium in den Kühlplatten möglich. Bei einem realen Fahrzeug wird jedoch auch eine gewisse Wärmemenge an die Umgebung über das Gehäuse übertragen werden bzw. über diesen Pfad aufgenommen. Die Sensitivität des Parameters auf das Verhalten des Fahrzeugs wird zunächst durch eine Parametervariation untersucht. Zur Analyse der Sensitivität wird die von der Umgebung aufgenommene bzw. an die Umgebung abgegebene Wärme auf die von der Batterie erzeugte Wärme bezogen. Der Absolutwert steigt mit der Temperaturdifferenz und dem Wärmeübertragungskoeffizienten. Für eine einfache Durchfahrt des NEFZ ist der Betrag dieses Koeffizienten in Abbildung 59 dargestellt. Für hohe bzw. niedrige Temperaturen kann die zwischen Umgebung und Batterie übertragene Wärme betragsmäßig größer sein als die von der Batterie erzeugte. Die Auswirkung auf die Reichweite ist allerdings gering. Bei den Umgebungsbedingungen Wärmepumpenpunkt, Frankfurt und Málaga ist mit einer Erhöhung des Wärmeübertragungskoeffizienten an der Außenfläche der Batterie von 0 W/m²K auf 10 W/m²K eine Reduktion der Reichweite im Bereich von 1-2% feststellbar, siehe Abbildung 60. Bei der Randbedingung Kiruna fällt die Reduktion mit ca. 1% für die Zyklen CADC, FKFS und NEFZ ähnlich wie bei den anderen Temperaturen aus. Alleine bei dem langsamen NYCC resultiert eine Reduktion von über 5% der Reichweite. Dies liegt an der niedrigen Durchschnittsgeschwindigkeit und der damit deutlich längeren Fahrzeit bis zum Erreichen des Zeitpunktes an dem die Batterie entladen ist.

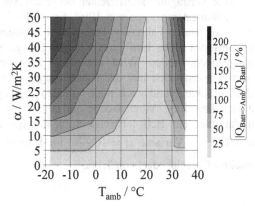

Abbildung 59: Betrag der Wärme, die von der Batterie an die Umgebung übertragen wird bezogen auf die in der Batterie entstehende Wärme bei einer Durchfahrt des NEFZ

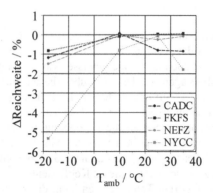

Abbildung 60: Reduktion der Reichweite des untersuchten BEFs in verschiedenen Zyklen für die Standardkonfiguration bei einem Wärmeübertragungskoeffizienten von 10 W/m²K an der Außenseite der Batterie

Neben der abweichenden Kühl- bzw. Heizleistung im Betrieb des Fahrzeugs aufgrund der Isolation gibt es einen weiteren Effekt, wie die Isolation auf den Energiebedarf des Fahrzeugs wirkt: In Anhängigkeit der thermischen Isolation der Batterie kühlt die Batterie stärker zwischen zwei Fahrten aus bzw. heizt sich stärker auf. Dadurch muss bei einer stärker isolierten Batterie weniger Energie aufgewendet werden, um die Batterie auf die Solltemperatur zu bringen. Abbildung 61 zeigt den Verlauf der Batterietemperatur in Abhängigkeit des angenommenen Wärmeübertragungskoeffizienten bei einem Abkühlvorgang von 30°C[3] bei einer Umgebungstemperatur von 10°C. Es ist deutlich zu erkennen, dass die Batterie des stehenden Fahrzeugs bereits nach wenigen Stunden stark auskühlt. Für die Bewertung des Einflusses auf den Energiebedarf muss ein Tageszyklus herangezogen werden. Wird vereinfacht angenommen, dass die Umgebungstemperatur konstant ist und der Fahrer morgens auf dem Weg zur Arbeit den Zyklus zurücklegt und nach neun Stunden den Zyklus nochmals durchfährt, stellt sich über eine Arbeitswoche ein erheblicher Vorteil für die stärker isolierten Varianten ein. Beispielsweise ergibt sich bei der Umgebungsbedingung Málaga bei der Variante $\alpha = 10\,\frac{W}{m^2 \cdot K}$ im Vergleich zur Variante $\alpha = 0\,\frac{W}{m^2 \cdot K}$ ein erhöhter Energiebedarf von 7,1%.

---

[3] Wird die Reichweite bei 10°C bestimmt, stellt sich am Ende der Fahrt eine Batterietemperatur im Mittel von ca. 30°C ein. Daher wird mit einer Starttemperatur von 30°C der Abkühlvorgang bestimmt.

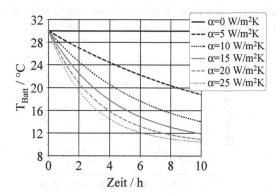

Abbildung 61: Abkühlverhalten der Batterie von 30°C bei einer Umgebungstemperatur von 10°C in Abhängigkeit des Wärmeübertragungskoeffizienten

4.2.10 Maximale Verzögerung bei der Rekuperation

Wie bereits in Kapitel 4.1.2 bei Bestimmung des theoretischen Potenzials zur Erhöhung der Reichweite angedeutet, lässt sich durch die Erhöhung der Verzögerung bei der Rekuperation mehr Energie in die Batterie zurückspeisen. Dabei ist jedoch zugrunde gelegt, dass die vollzogene Geschwindigkeitsänderung in dieser Form auch notwendig ist. Ist hingegen nur eine gegebene Strecke mit einer gewissen Geschwindigkeitsreduktion zu überwinden, stellt die erhöhte Rekuperation nicht das Optimum dar. Dies wurde unter anderem schon von Grein et. al in [83] für ein konventionelles Fahrzeug gezeigt. Auch für das BEF ist ein Ausrollen für die Überwindung einer gewissen Strecke vorteilhafter als eine Konstantfahrt mit sich anschließender stärkerer Verzögerung.

Wird vorausgesetzt, dass eine gewisse Geschwindigkeitsänderung erforderlich ist, so kann durch die Erhöhung der Rekuperationsleistung der Streckenverbrauch gesenkt werden, wenn dadurch die Benutzung einer konventionellen Bremsanlage mit Bremsbelägen reduziert werden kann. Bei der verwendeten Kombination aus Motor und Leistungselektronik (Hardware) ist standardmäßig ein Rekuperationsmoment von ca. 20 Nm eingestellt. Dies wurde als Basis herangezogen. Die daraus resultierende Verzögerung liegt beim untersuchten Fahrzeug im voll beladenen Zustand bei ca. -0,35 m/s². Wird der NEFZ zugrunde gelegt, wächst die Reichweitensteigerung mit dem Rekuperationsmoment degressiv, siehe Abbildung 62. Ab einem maximalen Rekuperationsmoment von 100 Nm steigt die Reichweite im NEFZ nicht weiter an, da hier alle Verzögerungen über den Motor dargestellt werden können. Bei den anderen Zyklen stellt sich ein ähnliches Bild ein, allerdings wächst die Reichweite weiter an, da die

maximalen Verzögerungen nicht durch das Bremsmoment des hier betrachteten
Motors bei maximaler Rekuperation dargestellt werden können.

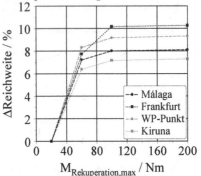

Abbildung 62: Erhöhung der Reichweite im NEFZ als Funktion des Motormoments bei
der Rekuperation

4.2.11   Abgestimmte Pumpen- und Lüfterregelung

Zur Einstellung des geforderten Temperaturniveaus durch die Kühlung ist ein
gewisser Aufwand erforderlich. Bei dem modellierten BEF wird eine Kombination aus elektrischer Kühlmittelpumpe und Sauglüfter für die Motor- und Leis-
tungselektronikkühlung eingesetzt. Mit der Erweiterung aus Kapitel 3.2.7 ist es
möglich, eine für das Fahrzeug optimierte Regelung der Pumpen- und Lüfterdrehzahl zu betreiben. Die Untersuchung wird für die Konfiguration des Thermomanagementsystems ohne Klimaanlage, siehe Abbildung 93, durchgeführt, da
bei einer Konfiguration mit AC die Steuerung des Sauglüfters vor allem aus der
Vorgabe resultiert, die Kondensationswärme des Kältemittelkreises abzuführen.

Neben den Zyklen CADC, FKFS, NEFZ und NYCC wird die Bergfahrt als
thermisch kritischster Fall untersucht. Es wird die Standardkonfiguration des
Simulationsmodells[4] mit der optimierten Variante[5] verglichen. Um ähnliche
Werte vergleichen zu können, wird eine Fahrzeit von ca. einer Stunde durch
ganzzahlige Vielfache der Zyklen vorgegeben. Für die untersuchten Fälle ergibt
sich in der optimierten Variante meistens eine Reduktion der Pump- und Lüfterleistung. Nur bei den beiden Punkten NYCC/Kiruna und NYCC/ Wärmepumpenpunkt stellt sich keine Reduktion der Pump- und Lüfterleistung ein, da hier
der Motor ohne zusätzliche Kühlung betrieben werden kann. In diesem Fall

---

[4] Regler der Pumpe auf 90°C Solltemperatur eingestellt. Hysterese der Lüftersteuerung bei 95°C und
100°C.
[5] Regler der Pumpe auf 90°C Solltemperatur eingestellt. Lüfterdrehzahl wird in Abhängigkeit der
Fahrgeschwindigkeit und der Pumpendrehzahl vorgegeben.

resultiert eine geringe Erhöhung der Energieaufnahme des Lüfters, da dieser mit einer Drehzahl ungleich Null betrieben wird. Eine Optimierungsmöglichkeit bestünde darin, den Sauglüfter erst zuzuschalten, wenn die Pumpendrehzahl größer ist als die Mindestdrehzahl. In der Simulation zeigte sich, dass für die beiden Fälle NYCC/Kiruna und NYCC/Wärmepumpenpunkt der Energiebedarf gesenkt werden kann. Allerdings steigt er für alle anderen Punkte. Die Ursache dafür liegt darin, dass bei allen anderen Punkten zumindest die Pumpe eingesetzt werden muss, um den Motor zu kühlen. Während der Phase, in der die Motor-kreispumpe noch mit Minimaldrehzahl dreht, aber der Lüfter schon läuft, wird der Motor bereits effektiv vorgekühlt. Dadurch wird später weniger Energie aufgewendet, um den Motor auf Temperatur zu halten.

Abbildung 63 fasst die Reduktion des Energiebedarfs für die Kühlung des Motors zusammen. Im Durchschnitt wird die mittlere Leistungsaufnahme um 80 W reduziert. Dabei werden die größten Vorteile, nämlich ~250 W Leistungs-aufnahme, bei der thermisch kritischen Bergfahrt erreicht, ohne dass die Motor-temperatur merklich ansteigt. Bei 35°C ist die Erhöhung der Motortemperatur mit 0,4 K am größten. Jedoch kann diese Erhöhung der Motortemperatur als unkritisch bewertet werden. Trotz der erheblichen Reduktion des Aufwands zur Kühlung des Motors um durchschnittlich 77% wird im Mittel zusätzlich eine stärkere Kühlung des Motors erreicht. Der Grund hierfür liegt in der optimalen Wahl der Drehzahl von Kühlmittelpumpe und Sauglüfter für den jeweiligen Betriebspunkt des Kühlers. Die Wirkung der stärkeren Motorkühlung kann an den mittleren Motortemperaturen in Abbildung 64 abgelesen werden. Der Ein-fluss auf die Reichweite des Fahrzeugs ist mit unter 0,5% bis 0,7% (Bergfahrt) in den Zyklen gering.

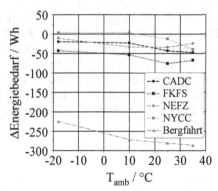

Abbildung 63: Reduktion des Pumpen- und Lüfterenergiebedarfs für die Fahrt des untersuchten BEFs mit Konfiguration ohne AC in verschiedenen Zyklen jeweils ca. 3600 s

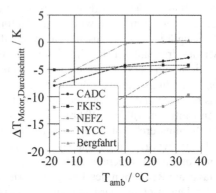

Abbildung 64: Änderung der mittleren Motortemperatur bei der Fahrt des Fahrzeugs mit Konfiguration ohne AC in verschiedenen Zyklen, jeweils ca. 3600 s lang

4.2.12   Entfall des Chillers

Der Energiebedarf der Klimaanlage ist nicht nur der Klimatisierung des Fahrzeuginnenraums sondern auch der aktiven Kühlung der Batterie zuzuordnen. Deswegen wurde in einer Vergleichsrechnung untersucht, welche Reichweitenzugewinne erzielt werden können, wenn der Chiller nicht in der Systemkonfiguration enthalten ist. Dies zeigt das Systemschaubild aus Abbildung 94. Wie schon in Kapitel 4.2.5 ist die sich maximal einstellende Batterietemperatur von bis zu 45°C aus Lebensdauergründen kritisch zu bewerten. Durch den Betrieb ohne Chiller sind bei der Randbedingung Málaga zwischen 1,9 und 9% mehr Reichweite darstellbar, siehe Abbildung 65. Bei der Randbedingung Frankfurt kann keine Reichweitenerhöhung realisiert werden, da hier aufgrund der alleinigen Kühlung der Batterie über den NT-Kühler die durchschnittliche Pumpleistung der Batteriekreispumpe stärker ansteigt als die durchschnittliche Kompressorleistung abfällt. Eine Ausnahme stellt der Zyklus NYCC dar, da hier auch in der Konfiguration mit Chiller dieser nicht zum Kühlen der Batterie verwendet werden muss.

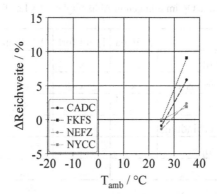

Abbildung 65: Erhöhung der Reichweite des untersuchten BEFs in verschiedenen Zyklen für die Standardkonfiguration bei Entfall des Chillers

4.2.13 Kombination von Maßnahmen

Nachdem die einzelnen Beiträge zu Erhöhung der Reichweite dargestellt wurden, ist noch die Frage zu beantworten, wie viel Reichweite gewonnen werden kann, wenn alle sinnvollen Maßnahmen kombiniert werden. Werden die Ergebnisse auf die Basis aus Kapitel 4.1 bezogen, so kann die Reichweite um die Werte aus Abbildung 66 gesteigert werden. Im Durchschnitt stellen sich bei der Umgebungsbedingung Kiruna 14,2%, im Wärmepumpenpunkt 1,3%, bei Frankfurt 0,6% und bei Málaga 4,1% mehr Reichweite ein. Dabei sind die ersten vier Optimierungen aus Tabelle 8 umgesetzt.

Der wesentlich aussagekräftigere Vergleich ist jedoch, wenn die Ergebnisse auf eine Fahrzeugkonfiguration bezogen werden, die dem Stand der Technik von BEF entspricht. Insbesondere die Verwendung des Innenraumheizers aus Kapitel 4.2.4 und der Wärmepumpe aus Kapitel 0 sind zwar Stand der Technik, werden aber noch nicht flächendeckend beim BEF eingesetzt. Werden die Ergebnisse so ausgewertet und damit alle Optimierungen aus Tabelle 8 als tatsächliche Optimierungen angesehen, wird die Steigerung der Reichweite bei den niedrigen Temperaturen deutlich größer, siehe Abbildung 67. Auf die Reichweite bei den Randbedingungen Frankfurt und Málaga haben Innenraumheizer sowie Wärmepumpe keinen Einfluss. Somit steigt die Reichweite im Durchschnitt der vier untersuchten Zyklen bei der Randbedingung Kiruna um 22,2% und im Wärmepumpenpunkt um 11% im Vergleich zu einer Konfiguration ohne Innenraumheizer und Wärmepumpe.

Tabelle 8: Umgesetzte Optimierungen in Abhängigkeit des Lastfalls

	Málaga	Frankfurt	WP-Punkt	Kiruna
50% Umluft	x	x	x	x
70% Motormasse	x	x	x	x
$\Delta T_{IR,soll}$			-5 K	-7 K
HT-NT-Verbindung				x
Wärmepumpe			x	
IRH			x	x

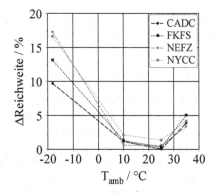

Abbildung 66: Erhöhung der Reichweite des untersuchten BEFs in verschiedenen Zyklen für die Standardkonfiguration bei Verwendung aller positiven Maßnahmen, bezogen auf die Reichweite aus Kapitel 4.1.1

Werden die sich nach der Optimierung einstellenden Reichweiten, siehe Abbildung 68, ausgewertet, wird festgestellt, dass sich insbesondere bei den Randbedingungen Kiruna und Málaga deutliche Reichweitensteigerungen ergeben. Bei -18°C können im Durchschnitt 6,6 km und bei 35°C 2,6 km mehr gefahren werden. Für die Umgebungsbedingungen Wärmepumpenpunkt und Frankfurt ergeben sich im Durchschnitt 865 m bzw. 335 m mehr Reichweite. Wird hingegen bewertet, welcher Anteil des theoretisch erschließbaren Potenzials, wie in Kapitel 4.1.2 beschrieben, erreicht wird, resultieren mit Ausnahme von der Umgebungsbedingung Frankfurt sehr ähnliche Werte. Für Kiruna werden 22,7%, für Wärmepumpenpunkt 18,2%, für Frankfurt 4,7% und für Málaga werden 18,9% des theoretischen möglichen Potenzials erreicht. Bei dem theoretischen Potenzial ist vorausgesetzt, dass alle Energie der Batterie für den Antrieb genutzt wird. Da aber nach wie vor der Innenraum, die Batterie und der Antrieb temperiert werden muss, fallen die Ergebnisse geringer aus als erhofft.

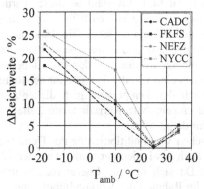

Abbildung 67: Erhöhung der Reichweite des untersuchten BEFs in verschiedenen Zyklen für die Standardkonfiguration bei Verwendung aller positiven Maßnahmen, bezogen auf die Reichweite eines Fahrzeugs ohne HT-NT-Verbindung, Innenraumheizer und Wärmepumpe

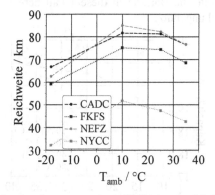

Abbildung 68: Reichweite des untersuchten BEFs in verschiedenen Zyklen für die Standardkonfiguration bei Verwendung aller positiven Maßnahmen

4.3   Vorkonditionierung und Laden

Aus den vorherigen Kapiteln wird klar, dass die Reichweitenerhöhungen durch die Thermomanagementmaßnahmen teilweise nur geringe Potenziale aufweisen. Beim Elektrofahrzeug besteht deshalb ein gewisses Interesse daran, das Fahrzeug thermisch vorzukonditionieren, um den Energiebedarf für die Fahrt zu reduzieren. Durch das Einstellen der Temperatur im Fahrzeuginnenraum, im Batteriekreislauf sowie im Motorkreislauf ist diese Wärme während der Fahrt theoretisch nutzbar. Neben dem primären Effekt der verfügbaren und nutzbaren Wärme ergeben sich auch Sekundäreffekte. Die Wirkungsgrade von Batterie und Motor sind temperaturabhängig und können somit bei einer zielgerichteten Vorkonditionierung mit genutzt werden, um den Energiebedarf zu senken. Zusätzlich hat die Batterie auch eine von der Temperatur abhängige maximale Entladekapazität. So steigt mit der Temperatur auch die entnehmbare Kapazität. In Abbildung 69 ist die entnehmbare Kapazität von Zelle 1 in Abhängigkeit von Strom und Temperatur dargestellt.

Bei der thermischen Vorkonditionierung des Fahrzeugs darf nicht vernachlässigt werden, dass auch das Laden der Batterie an sich Ähnlichkeiten zur Vorkonditionierung hat. Da sich nur die Energieformen unterscheiden, wird die Ladung der Batterie im Rahmen der Vorkonditionierung behandelt. Auch durch eine zielgerechte Ladung der Batterie lässt sich der Energiebedarf für die Fahrt reduzieren, da der Wirkungsgrad der Batterie ebenfalls vom Ladezustand abhängt, siehe Abbildung 70. Des Weiteren kann ein Fall eintreten, bei dem nach Fahrtantritt zunächst stärker geladen als entladen wird, wenn die Strecke mit Gefälle beginnt. Sollte die Batterie in diesem Fall bereits vollständig geladen sein, bleibt Potenzial ungenutzt.

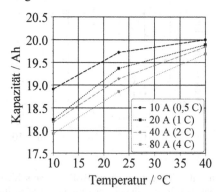

Abbildung 69:   Entladekapazität von Zelle 1 als Funktion von Temperatur und Entladestrom

4.3.1   Bedarfsgerechtes Laden der Batterie

Wird der quasistationäre Entladewirkungsgrad der Batterie in Abhängigkeit von Ladezustand und Temperatur aufgetragen, ergeben sich die in Abbildung 70 dargestellten Zusammenhänge. In den quasistationären Entladewirkungsgrad gehen, zusätzlich zum ohmschen Widerstand, die Widerstände der Zeitglieder mit ein. Es wird damit davon ausgegangen, dass zu jedem Zeitpunkt die Kondensatoren der Zeitglieder vollständig geladen sind.

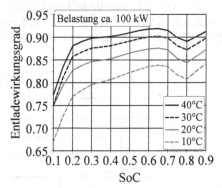

Abbildung 70:   Batteriewirkungsgrad von Zelle 1 in Abhängigkeit von Temperatur und Ladezustand bei ca. 100 kW Belastung der Gesamtbatterie

Neben dem Trend, dass bei höheren Temperaturen auch der Wirkungsgrad steigt, ergibt sich im Wirkungsgrad bei konstanter Temperatur ein lokales Minimum um SoC = 0,8. Der logische Schluss aus diesem Diagramm ist, dass die Batterie nur auf ~70% geladen wird, um den durchschnittlichen Wirkungsgrad beim Entladen zu steigern. Dies gilt für den Fall, dass nicht die vollständige Ladung der Batterie gebraucht wird. Bei der dargestellten Belastung von ~100 kW liegt die Differenz zwischen der 10°C Kurve und der 40°C Kurve zwischen 8 - 10% im Wirkungsgrad.

Da es sich bei dem dargestellten Wirkungsgrad um den quasistationären Entladewirkungsgrad handelt, werden Simulationen mit unterschiedlichem Start-SoC untersucht. So wird überprüft, ob sich dieses Verhalten im Energiebedarf für die Fahrt widerspiegelt. Für den NEFZ hat sich jedoch gezeigt, dass der Energiebedarf für die Fahrt mit sinkendem Start-SoC streng monoton ansteigt. Die Ursache für diesen scheinbaren Widerspruch liegt in der Zusammensetzung des quasistationären Wirkungsgrades. In Abbildung 71 sind der Verlauf des ohmschen Widerstands R_i sowie des Widerstands des Zeitglieds R_c[6] dargestellt.

Der ohmsche Widerstand R_i steigt mit sinkendem SoC an. Der Widerstand des Zeitgliedes R_c hingegen hat bei einem SoC von 0,8 ein ausgeprägtes Maximum, was das Minimum des quasistationären Wirkungsgrades an dieser Stelle erklärt. Der Wirkungsgrad, der sich bei der Entladung einstellt, hängt vom dynamischen Verhalten des Fahrzeugs und der Batterie ab. Für den Verlauf des

---

[6] Für die Bestimmung des quasistationären Wirkungsgrads wurde das Modell RRC verwendet. Daher ist hier nur ein Zeitglied dargestellt.

Energiebedarfs ist damit nicht der quasistationäre Wirkungsgrad ausschlaggebend, sondern der Verlauf des ohmschen Widerstands. Daraus folgt, dass ein
optimaler Start-SoC nicht über das quasistationäre Wirkungsgradverhalten der
Batterie abgeschätzt werden darf. Es sind detaillierte Informationen zur zu befahrenden Strecke erforderlich, um eine Aussage zum mittleren Wirkungsgrad der
Batterie bei der Fahrt treffen zu können. Dies wird in Kapitel 5 behandelt.

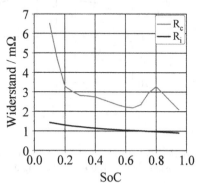

Abbildung 71: Widerstände R_i und R_c von Zelle 1 bei 20°C als Funktion des Ladezustands

4.3.2   Thermische Vorkonditionierung der Batterie

Das Ziel der thermischen Vorkonditionierung der Batterie besteht darin, die
Batterie im Idealfall während der Fahrt nicht oder zumindest deutlich reduziert
aktiv heizen oder kühlen zu müssen. Des Weiteren wird insbesondere durch eine
Vorheizung bei niedrigen Temperaturen sichergestellt, dass die Batterie genü-
gend Leistung und Energie abgeben und aufnehmen kann. Denn der maximale
Lade- und Entladestrom ist stark temperaturabhängig. Abbildung 72 zeigt die
Leistungsfähigkeit für Zelle 1. Hier ist die mittlere Lade- bzw. Entladeleistung
dargestellt, die sich bei einem 5 s Puls[7] einstellt. Bei sehr niedrigen Temperaturen ist die in die Batterie einladbare Leistung so gering, dass quasi keine
Rekuperation erfolgen kann.

In anderen Ansätzen [126] wird die vorkonditionierte Batterie als thermischer Speicher verwendet, der dann mit der Hilfe einer Wärmepumpe wieder
entleert wird. Da hier jedoch die Umgebung als Wärmequelle für die Wärmepumpe verwendet wird, kann diese Nutzung hier nicht berücksichtigt werden.

---

[7] Hier wird eine feste Spannung mit Strombegrenzung als Randbedingung der Zelle aufgeprägt. Dazu
werden die minimal bzw. maximal zulässige Betriebsspannung von 2,0 V bzw. 3,6 V mit einer
Strombegrenzung von 240 A verwendet.

Bei der Simulation der Vorkonditionierung der Batterie wird von zwei getrennten Vorgängen ausgegangen: Zunächst wird der Vorgang der Vorkonditionierung mit Start bei der Umgebungstemperatur gerechnet. Die sich einstellende mittlere Batterietemperatur und die Kühlmitteltemperatur werden zusätzlich zum Energiebedarf aufgenommen. Mit diesen Werten wird die anschließende Simulation der Fahrt gestartet. Die Temperaturen werden dem thermo-hydraulischen Modell als Startwerte aufgeprägt. Der Energiebedarf dient zur Gesamtenergiebilanzierung.

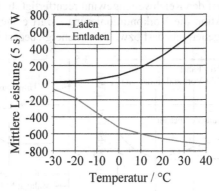

Abbildung 72: Leistungsgrenzen von Zelle 1 in Abhängigkeit der Temperatur bei 90% SoC

Das Potenzial zur Reduzierung des Energiebedarfs durch eine vorkonditionierte Batterie ist durch eine Variation der Batterietemperatur zum Startzeitpunkt identifiziert worden. Durch die Variation der mittleren Batterietemperatur zu Beginn der Zyklusrechnung ist der Effekt der Vorkonditionierung auf den Energiebedarf isoliert. In der Darstellung wird zwischen dem Energiebedarf des Fahrzeugs für eine Durchfahrt des NEFZ und dem Energiebedarf für die Durchfahrt des NEFZ plus den Energiebedarf für die Vorkonditionierung unterschieden. In Abbildung 73 links ist dies für die Randbedingung Málaga dargestellt. Es ist zu erkennen, dass wenn Umgebungs- und Batteriestarttemperatur übereinstimmen, sich die beiden Kurven treffen. In Richtung niedriger Batteriestarttemperaturen muss bei der Vorkonditionierung gekühlt werden und die Schere zwischen den beiden Kurven wächst. In Abbildung 73 rechts ist derselbe Sachverhalt für die Randbedingung Frankfurt dargestellt. Hier liegt die Umgebungstemperatur bei 25°C und der Energiebedarf für die Vorkonditionierung wächst für höhere und niedrigere Batteriestarttemperaturen.

Aufgrund des temperaturabhängigen Wirkungsgrads der Batterie und der teilweise wegfallenden aktiven Heizung und Kühlung ist durch die Vorkonditionierung der Energiebedarf des Fahrzeugs für das Befahren der Strecke reduzierbar. Deutliche Einsparungen sind nur bei hohen oder niedrigen Außentemperaturen realisierbar. Bei mittleren Temperaturen hat die Vorkonditionierung wenig bis keinen Einfluss auf den Energiebedarf für die Fahrt. Wird die Energie zur Vorkonditionierung mit in die Bilanz aufgenommen, geht mit einer Vorkonditionierung immer eine Erhöhung des Gesamtenergiebedarfs einher. Während bei der Randbedingung Kiruna eine Vorkonditionierung der Batterie unverzichtbar ist, da ansonsten die Batterie nicht die benötigte Leistung abgeben kann, muss bei den anderen drei Randbedingungen nur abgewägt werden, ob der erhöhte Gesamtenergiebedarf den Reichweitengewinn rechtfertigt. In Kapitel 5.1 wird im Rahmen der Prädiktion die Vorkonditionierung derart eingesetzt, dass sich ein minimaler Fahrzeugenergiebedarf bzw. Gesamtenergiebedarf einstellt.

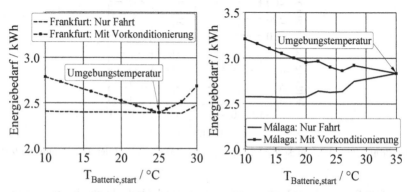

Abbildung 73: Energiebedarf für die Durchfahrt des NEFZ bei den Umgebungsbedingungen Frankfurt (links) und Málaga (rechts) als Funktion von $T_{Batterie,start}$ ohne und mit Berücksichtigung des Energiebedarfs für die Vorkonditionierung

4.3.3 Thermische Vorkonditionierung des Innenraums

Neben dem deutlichen Komfortgewinn eines vorgeheizten bzw. vorgekühlten Innenraums steht beim Elektrofahrzeug der Einfluss auf die Reichweite im Vordergrund. Eine Vorkonditionierung hat natürlich nur dann einen positiven Einfluss auf die Reichweite, wenn die nötige Energie dem Stromnetz und nicht der Batterie entnommen wird. Die Vorkonditionierung des Fahrzeuginnenraums wird als Teil der Zyklussimulation gerechnet. Es wird eine Vorkonditionierungszeit vorgegeben, die sich aus der Umgebungstemperatur und der gewünschten Starttemperatur ergibt. Während dieser Vorkonditionierungszeit steht das Fahrzeug still. Durch die aktivierte Regelung der Innenraumtemperatur wird diese auf den gewünschten Wert gebracht und direkt im Anschluss die eigentliche Zyklussimulation gestartet. Exemplarisch sind die Ergebnisse für die einmalige Durchfahrt des NEFZ im Lastfall Kiruna dargestellt, siehe Abbildung 74.

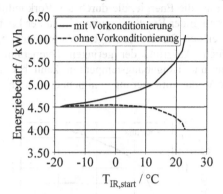

Abbildung 74: Energiebedarf für Durchfahrt des NEFZ und Energiebedarf für Durchfahrt des NEFZ plus Energiebedarf für Vorkonditionierung in Abhängigkeit der Vorkonditionierungstemperatur des Innenraums im Lastfall Kiruna

Für die anderen Zyklen ergeben sich sehr ähnliche Bilder, wobei sich im Wesentlichen das absolute Niveau unterscheidet. Da im Lastfall Kiruna eine Umgebungstemperatur von -18°C vorliegt und somit für eine Innenraumstarttemperatur von -18°C keine zusätzliche Energie von Nöten ist, sind die Kurven in diesem Punkt deckungsgleich. Bei höherer Innenraumstarttemperatur gehen die beiden Kurven auseinander. Es ist zu erkennen, dass ab einer Innenraumstarttemperatur von ca. 12°C ein deutliches Absinken des Energiebedarfs für die Durchfahrt des NEFZ resultiert. Der Grund hierfür liegt im Verlauf der Aufheizkurve, siehe Abbildung 75. Hier knickt der Verlauf der Innenraumtemperatur über die Zeit bei ca. 12°C ab. Aufgrund dessen steigt ab diesem Punkt der Energiebedarf für ein weiteres Aufheizen des Innenraums überproportional an. Da bei einer Innenraumstarttemperatur von über 12°C diese Energie nicht aus der Batterie entnommen wird, sondern bereits während der Vorkonditionierung eingebracht wurde, fällt der Energiebedarf für die Durchfahrt des NEFZ stärker ab. Wird der Innenraum auf die Zieltemperatur vorgeheizt, stellt sich in diesem Fall eine Reduktion des Energiebedarfs für die Durchfahrt von 11% ein. Dabei wird der Gesamtenergiebedarf allerdings um 34,7% erhöht.

Wird eine Vorkonditionierung der Kabine auf die Wohlfühltemperatur[8] aus Kapitel 2.2.1 vorgesehen, kann in Abhängigkeit der Umgebungstemperatur und des Zyklus der Energiebedarf für die einmalige Durchfahrt deutlich gesenkt

---

[8] Bei der Umgebungstemperatur von -18°C wird statt der 26,7°C eine Vorkonditionierung auf 23°C vorgesehen.

werden. Die Werte sind Abbildung 76 zu entnehmen. Dabei muss aber berücksichtigt werden, dass die Energie, die für die Vorkonditionierung benötigt wird,
erheblich größer ist als die Energie, die durch das Vorkonditionieren eingespart
wird. Im Mittel kann bei der Randbedingung Kiruna der Energiebedarf um 10%
gesenkt werden. Bei den Randbedingungen Wärmepumpenpunkt und Málaga
sind ca. 2% möglich. Aufgrund der geringen Temperaturdifferenz zwischen
Wohlfühltemperatur und Umgebungstemperatur kann bei der Randbedingung
Frankfurt durch die Vorkonditionierung kein nennenswerter Vorteil ausgewiesen
werden.

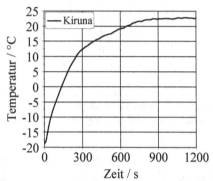

Abbildung 75:   Innenraumtemperatur bei einem Aufheizvorgang bei einer Umgebungstemperatur von -18°C

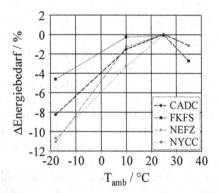

Abbildung 76:   Reduktion des Energiebedarfs des untersuchten BEFs in verschiedenen
Zyklen für die Standardkonfiguration bei Vorkonditionierung des Innenraums auf Wohlfühltemperatur.

5 Prädiktives Thermomanagement

In Kapitel 4 werden Optimierungen untersucht, bei denen das Fahrzeugthermo-management durch einen festen Parametersatz gesteuert und geregelt wird. Die Werte für einige Parameter, wie zum Beispiel die Motorsolltemperatur oder die Einstellungen der Hysteresen zur Batterieheizung und –kühlung, sind nicht für jeden Fall optimal. Wäre das Fahrzeug in der Lage, sich auf den geforderten Lastzustand bzw. die zukünftige Fahrt einzustellen, könnten Potenziale zur Er-höhung der Reichweite erschlossen werden, die mit dem konventionellen reakti-ven System nicht erschlossen werden können. Dies soll im Rahmen des prädikti-ven Thermomanagement untersucht werden.

Wenn es um vorausschauende Ansätze geht, werden hier prinzipiell zwei verschiedene Fälle unterschieden. Beim ersten Fall liegt vor Antritt der Fahrt ein vollständig bekanntes Lastprofil vor. In diesem Fall kann jeder Parameter, auch Ladezustand und Vorkonditionierung, vor Fahrtantritt auf den gewünschten Wert gebracht werden. Im anderen Fall stehen vor Fahrtantritt keine Informationen zur zukünftigen Fahrt zur Verfügung. In diesem Fall wird während der Fahrt in re-gelmäßigen Abständen die nähere zukünftige Fahrt bekannt. (Hier als teilweise bekanntes Lastprofil bezeichnet). Dadurch können nicht mehr alle Parameter modifiziert werden.

Im Rahmen des prädiktiven Wärmemanagements werden neben den in Ka-pitel 3.1.2 definierten Zyklen zusätzlich zwei Variationen auf Basis des NEFZ untersucht. Bei der ersten Variante „NEFZ Berg" startet das Fahrzeug mit einer Fahrt über 600 s mit 50 km/h bei einem Gefälle von 3,5%. Im Anschluss wird der herkömmliche NEFZ durchfahren. Dadurch soll der Fall abgebildet werden, dass ein Nutzer bei der Fahrt zunächst mehr Energie rekuperiert als benötigt. Bei der zweiten Variante „NEFZ Stau" wird zwischen dem Stadtteil und dem Über-landteil des NEFZ ein Stillstand von 600 s vorgegeben.

5.1 Vollständig bekanntes Lastprofil

Im Fall des vollständigen bekannten Lastprofils sind zu Beginn der Fahrt das Geschwindigkeitsprofil und die Umgebungsbedingungen bekannt und das Fahr-zeug hat genügend Zeit, um sich auf die Fahraufgabe einzustellen. Dies ent-spricht dem Fall, dass der Fahrer am Vorabend die Route für den nächsten Tag plant. Aus zusätzlichen Datenquellen werden zu dieser Strecke die zu erwarten-den Geschwindigkeiten sowie die Witterungsbedingungen bezogen. Bei den prinzipiellen Untersuchungen werden Vergleichszyklen und –strecken bei konstanten Umgebungstemperaturen verwendet. Auf Basis aller Informationen wird eine Optimierung gestartet, die den Energiebedarf entlang der Strecke minimiert sowie die Betriebsgrenzen des Fahrzeugs und die Wünsche des Fahrers einhält.

5.1.1   Vorgehensweise bei der Simulation

Die klare Trennung zwischen Fahrt und Optimierung ist auch in der Simulation umgesetzt. Zunächst werden die Randbedingungen sowie die zu befahrende Strecke definiert. Dies wird dem Optimierungsalgorithmus übergeben. Die Optimierung ist in Matlab umgesetzt und verwendet für die Optimierung das Downhill-Simplex-Verfahren [127] nach Nelder et al. Mit dem Algorithmus wird der Energiebedarf für das Befahren der Strecke minimiert. Dazu werden die Parameter $T_{Motor,soll}$, SoC_{start} und $T_{Batterie,start}$ variiert. Da es sich bei dem Verfahren um ein unbeschränktes Verfahren handelt, ist eine zusätzliche Straffunktion implementiert, die den Energiebedarf sehr stark ansteigen lässt, wenn der gewünschte Betriebsbereich verlassen wird. Dadurch wird sichergestellt, dass die Optimierung im sicheren Wertebereich bleibt. Zur Optimierung des Energiebedarfs dient das in Kapitel 3.2.8 vorgestellte schnell rechnende Modell. Ist die Optimierung abgeschlossen, werden die identifizierten Parameter dem gekoppelten Modell aus Kapitel 3.2.1 übergeben und die eigentliche Zyklussimulation beginnt. In Abbildung 77 ist der schematische Ablauf dargestellt.

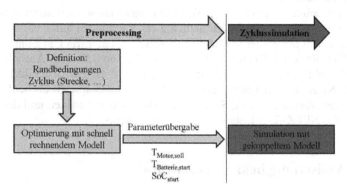

Abbildung 77:   Integration der Optimierung in das Gesamtmodell beim prädiktiven Wärmemanagement mit vollständig bekanntem Lastprofil

5.1.2   Vorgaben und Auswirkungen

Durch die Veränderung der Parameter $T_{Motor,soll}$, SoC_{start} und $T_{Batterie,start}$ wird eine für den Lastfall optimierte Vorkonditionierung mit optimierter Motortemperaturregelung erreicht. Im Vergleich zum prädiktiven Thermomanagement mit teilweise bekanntem Lastprofil (siehe Kapitel 5.2) sind hier die Parameter für die Batterieheizung und Kühlung nicht freigegeben. Dadurch wird sichergestellt, dass der Algorithmus die Vorkonditionierung der Batterie durch $T_{Batterie,start}$ so optimiert, dass der Aufwand für die Heizung bzw. Kühlung der Batterie während der Fahrt minimal wird. Mit dem Startwert des Ladezustands (SoC_{start}) wird die Ladung der Batterie derart optimiert, dass für den Fall, in dem zu Beginn der Fahrt mehr Energie rekuperiert als benötigt wird, kein Potenzial ungenutzt bleibt. Darüber hinaus wird durch den Startwert des Ladezustands der Batteriewirkungsgrad über den Zyklus optimiert. Durch $T_{Motor,soll}$ wird die Motortemperaturregelung so angepasst, dass die Summe aus Antriebsleistung der Motorkreispumpe und Abwärme des Motors minimal wird.

5.1.3 Validierung der Methode

Um zu validieren, dass die Vorgehensweise das gewünschte Minimum findet, werden die Ergebnisse überprüft. Zum einen ist mit den Parametern des gefundenen Minimums und Punkten in der Nähe davon jeweils eine Simulation mit dem vollständigen Modell durchgeführt worden. Dadurch soll das Minimum nachgewiesen werden. Zum anderen wurde das schnell rechnende Modell in der Optimierung durch das gekoppelte Modell ersetzt. Hier soll dasselbe Minimum wie mit dem schnell rechnenden Modell gefunden werden.

Im ersten Schritt soll exemplarisch für einen Zyklus und eine Randbedingung das mit dem schnell rechnenden Modell gefundene Optimum validiert werden. Dazu wurden die Parameter in die drei Richtungen $T_{Motor,soll}$, SoC_{start} und $T_{Batterie,start}$ variiert. Die zugehörigen Konfigurationen sind Tabelle 9 zu entnehmen.

Tabelle 9: Konfigurationen für die Überprüfung des gefundenen Optimums bei FKFS, Málaga

Konfiguration	SoC_{start}	$T_{Motor,soll}$	$T_{Batterie,start}$
1	Optimum	Optimum	Optimum
2	Optimum	Optimum	+1 K
3	Optimum	Optimum	-1 K
4	Optimum	+10 K	Optimum
5	Optimum	-5 K	Optimum
6	-0.02	Optimum	Optimum

Da die Optimierung so konfiguriert ist, dass unter Berücksichtigung des sicheren Betriebs der Energiebedarf für die Fahrt der Strecke minimiert wird, lässt sich über den Energiebedarf der Parameterkombinationen aus Tabelle 9 ableiten, ob das gefundene Optimum ein lokales Minimum darstellt. Die in Abbildung 78 dargestellten Ergebnisse bestätigen, dass für alle untersuchten Parametersätze der Energiebedarf größer ist als für den Parametersatz des gefundenen Optimums. In Abbildung 96 bis Abbildung 99 sind die Ergebnisse für weitere Zyklen bei allen untersuchten Randbedingungen in der $T_{Motor,soll}$-SoC_{start}-Ebene dargestellt. Bei diesen Ergebnissen lässt sich feststellen, dass nicht alle gefundenen Optima tatsächlich im geringsten Energiebedarf resultieren, wobei allerdings die Abweichungen sehr gering sind. Hier werden durch die Optimierung zwar Parametersätze gefunden, die besser als der Basiszustand sind, allerdings wird nicht das globale Minimum des Energiebedarfs gefunden.

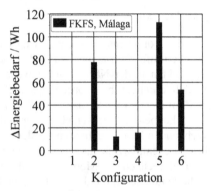

Abbildung 78:   Ergebnisse für die Überprüfung des durch das schnell rechnende Modell gefundenen Optimums bei FKFS, Málaga

Die Optimierung des Energiebedarfs findet grundsätzlich mit dem schnell rechnenden Modell statt. Für die Überprüfung, ob die Unterschiede zwischen dem schnell rechnenden und dem gekoppelten Modell große Auswirkungen auf das Ergebnis haben, wird das Minimum des Energiebedarfs mit dem gekoppelten Modell identifiziert und mit den Ergebnissen des schnell rechnenden Modells verglichen. Aufgrund des erheblichen numerischen Aufwands[1] zur Optimierung des Thermomanagements im Rahmen des prädiktiven Wärmemanagements mit dem vollständigen Modell, wird nur ein Lastfall untersucht. Aufgrund der im vorherigen Kapitel dargestellten kleinen Abweichungen bei dem gefundenen Minimum ist zu erwarten, dass von der Optimierung mit dem vollständigen Modell ein anderer Parametersatz gefunden wird, mit dem das Minimum des Ener-

---

[1] Es sind etwa 100 Rechnungen mit dem vollständigen Modell erforderlich, um die Parameter für das prädiktive Wärmemanagement zu finden.

giebedarfs erreicht wird. Es ist allerdings erforderlich, dass sich die auf beide Weisen gefundene Parametersätze nicht zu stark unterscheiden, um trotz des reduzierten Aufwands dennoch den Großteil der Energiebedarfssenkung realisieren zu können. In Abbildung 79 sind beide Parametersätze für den Zyklus „NEFZ Stau" bei der Randbedingung Frankfurt dargestellt.

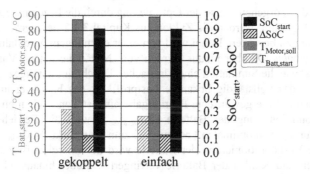

Abbildung 79: Vergleich der durch das schnell rechnende und das gekoppelte Modell gefundenen Parameter für das prädiktive Thermomanagement für „NEFZ Stau" bei der Randbedingung Frankfurt

Deutlich zu erkennen ist die gute Übereinstimmung bei den Parametern der Motorsolltemperatur und des Start-SoC sowie der resultierenden Ladezustandsänderung über der Fahrt des Zyklus. Bei der Batteriestarttemperatur ist eine Abweichung von 4,5 K zu erkennen. Die Ursache für diese Differenz lässt sich auf die Unterschiede im Batteriemodell selbst und die Modellierung der Nebenverbraucher zurückführen. Während im vollständigen Modell das in Kapitel 3.2.3 beschriebene Batteriemodell verwendet wird, ist im schnell rechnenden TheFaMoS aus Komplexitäts- und Geschwindigkeitsgründen ein auf ein RC-Glied reduziertes Batteriemodell eingesetzt[2]. Darüber hinaus ist auch die temperatur- und stromabhängige Entladekapazität nur im vollständigen Modell implementiert. Dadurch lässt sich die Verschiebung zu höheren Temperaturen hin beim vollständigen Modell erklären. Eine weitere Ursache für Unterschiede zwischen den Modellen ist die Implementierung der Nebenverbraucherleistung. Während im vollständigen Modell zeitabhängige Werte verwendet werden, wird im schnell rechnenden Modell von Durchschnittswerten ausgegangen, die durch den Energiebedarf von der Batteriekonditionierung und den sonstigen Komponenten des Thermomanagementsystems beeinflusst werden. Trotz der nicht perfekten Vorhersage des optimalen Parametersatzes lassen sich mit dem schnell rechnenden Modell hinreichend gute Vorhersagen treffen, die in eine Reduktion

---

[2] Die Untersuchungen in Kapitel 3.3.6 haben gezeigt, dass das Modell RRC eine ähnlich gute Vorhersage trifft.

des Fahrzeugenergiebedarfs münden. Die zugehörigen Ergebnisse werden im nächsten Kapitel dargestellt und erläutert.

5.1.4 Minimiernung des Fahrzeugenergiebedarfs

Nachdem die Vorgehensweise der Optimierung durch die Ergebnisse aus Kapitel 5.1.3 bestätigt sind, werden die Zyklen aus Kapitel 3.1.2 herangezogen, um die Optimierung zu bewerten. Dabei wird von einer einmaligen Durchfahrt des Zyklus ausgegangen. Darüber hinaus werden vom NEFZ die beiden Varianten aus Kapitel 5 sowie die Simulation einer dreifachen Durchfahrt herangezogen.

Durch das vollständig bekannte Lastprofil ist das Fahrzeug in der Lage, sich optimal auf die gewünschte Fahraufgabe einzustellen. Neben einer optimalen Vorkonditionierung der Batterie ($T_{Batterie,start}$), wird die Betriebsweise der Batterie durch einen optimalen Ladezustand zum Startpunkt (SoC_{start}) verbessert. Durch die Vorkonditionierung der Batterie wird der Energieaufwand zum aktiven Heizen und Kühlen der Batterie verringert. Darüber hinaus wird über die Wahl des Ladezustands der mittlere Batteriewirkungsgrad optimiert, was in Kapitel 4.3.1 durch die Auswertung des quasistationären Wirkungsgrades nicht möglich war. Über die Vorgabe der Motorsolltemperatur ($T_{Motor,soll}$) wird die Regelung der Motorkreispumpe so eingestellt, dass der Motor immer im sicheren Temperaturbereich liegt und der Aufwand zur Kühlung trotzdem minimal ist.

Die Optimierung wird zunächst so eingestellt, dass der Fahrzeugenergiebedarf minimal wird. Die Ergebnisse der Simulationen mit den optimierten Startparametern werden mit Simulationen mit den Einstellungen[3] des Basismodells verglichen. In Abbildung 80 sind die Reduktionen des Fahrzeugenergiebedarfs in Abhängigkeit der Randbedingungen dargestellt. Mit Ausnahme von „NEFZ Berg" sind die Trends bei allen Zyklen ähnlich. Bei der Randbedingung Kiruna lassen sich durch die reduzierte Heizung der Batterie die größten Einsparungen darstellen. Bei der Randbedingung Málaga lassen sich geringfügig kleinere Vorteile durch die Vorkühlung der Batterie sowie die angepasste Motortemperaturregelung erreichen. Für den Wärmepumpenpunkt und Frankfurt lassen sich nur kleine Vorteile darstellen, da hier im Basismodell der Aufwand für die Heizung bzw. Kühlung der Batterie vergleichsweise gering ausfällt. Die dargestellten Vorteile sind eine Folge des optimierten Batterie- und Motorwirkungsgrades sowie der reduzierten Leistungsaufnahme der Motorkreispumpe.

Der andere Verlauf bei dem Zyklus „NEFZ Berg" ist eine direkte Folge der langen Rekuperationsphase zu Beginn der Fahrt. Während bei der Basiskonfigu-

---

[3] Die Modelle unterscheiden sich lediglich in den drei optimierten Parametern. Im Basismodell ist die Batteriestarttemperatur gleich der Umgebungstemperatur, jedoch minimal 10°C. Die Motorsolltemperatur beträgt 90°C und die Batterie ist beim Start der Fahrt vollgeladen.

ration das Fahrzeug mit einer vollen Batterie startet und die potenzielle Energie nicht nutzen kann, kann im optimierten Fall das gesamte Gefälle für die Rekuperation genutzt werden. Dabei sind die Energiebedarfssenkungen umso größer, je weniger Energie während der Rekuperationsphase für die Klimatisierung genutzt wird. Beispielsweise ist im Fall Kiruna die Klimatisierungsleistung so groß, dass die Batterie in Summe trotz der Rekuperation entladen wird. Dadurch macht es sich nicht bemerkbar, dass die Batterie nicht weiter geladen werden kann. In den restlichen Fällen ist die Rekuperationsleistung größer als die Klimatisierungsleistung. Dadurch kann im Basismodell die potenzielle Energie nicht in die Batterie eingeladen werden. Sie wird in der Reibungsbremse in Wärme gewandelt. Durch den vergleichsweise kleinen Aufwand zur Klimatisierung bei der Randbedingung Frankfurt sind hier die Unterschiede am deutlichsten. Auch bei den Randbedingungen Wärmepumpenpunkt und Málaga sind die Vorteile größer als bei den restlichen Zyklen.

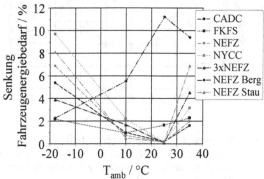

Abbildung 80: Senkung des Fahrzeugenergiebedarfs des untersuchten BEFs in verschiedenen Zyklen für die Standardkonfiguration mit prädiktivem Wärmemanagement bei vollständig bekanntem Lastprofil bei Minimierung des Fahrzeugenergiebedarfs

Im Rahmen der gezeigten Optimierung, siehe Abbildung 80, wurde der Fahrzeugenergiebedarf durch das prädiktive Thermomanagement minimiert. Wird allerdings der Energieaufwand, der zur Vorkonditionierung erforderlich war, mit in die Bilanz aufgenommen, siehe Abbildung 81, stellt sich ein anderes Bild ein. Deutlich zu erkennen ist, dass für die meisten Fälle die Senkung des Gesamtenergiebedarfs negativ ist, also der Gesamtenergiebedarf steigt. D. h. die optimierte Betriebsweise kann nicht den Energiebedarf der Vorkonditionierung aufwiegen. Dennoch sind einige Punkte vorhanden, bei denen durch die optimierte Betriebsweise mehr Energie eingespart wird, als für die Vorkonditionierung aufgewandt werden muss. Beim Zyklus FKFS wird bei allen Außentemperaturen eine Senkung des Gesamtenergiebedarfs erreicht. Hier wirken vor allem die angepasste Regelung der Motorkreispumpe sowie die Entlastung der Batterie aufgrund der durch die Vorkonditionierung erreichten Leistungsreduktion zum aktiven Heizen und Kühlen. Im Fall des „NEFZ Berg" wird die Einsparung durch die Nutzung der potenziellen Energie zum Laden der Batterie genutzt. Für den Fall „NEFZ Berg"/Kiruna lässt sich keine Senkung des Gesamtenergiebedarfs erreichen, weil hier die Batterie stark vorkonditioniert wird und durch die hohe Klimatisierungsleistung zu Beginn keine Energie in die Batterie eingeladen werden kann. Für die beiden weiteren Punkte 3xNEFZ und „NEFZ Stau" bei der Randbedingung Málaga wird eine Senkung des Gesamtenergiebedarfs erreicht. Hier ist durch die Vorkonditionierung der Batterie die aktive Kühlung deutlich entlastet, was zu einem positiven Effekt führt.

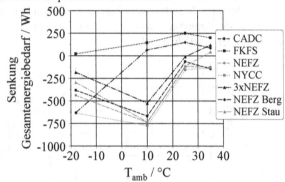

Abbildung 81:   Senkung des Gesamtenergiebedarfs für das untersuchte BEF in verschiedenen Zyklen für die Standardkonfiguration mit prädiktivem Wärmemanagement bei vollständig bekanntem Lastprofil bei Minimierung des Fahrzeugenergiebedarfs

5.1.5   Minimierung des Gesamtenergiebedarfs

In Kapitel 5.1.4 wurde durch das prädiktive Thermomanagement der Fahrzeugenergiebedarf minimiert, um möglichst wenig Energie aus der Batterie während der Fahrt entnehmen zu müssen. Dabei stieg aber für die meisten Punkte der Gesamtenergiebedarf. Hier wird die Optimierung so erweitert, dass nicht der Fahrzeugenergiebedarf, sondern der Gesamtenergiebedarf minimal wird, um möglichst wenig Energie aus dem Stromnetz entnehmen zu müssen.

In Abbildung 82 ist die Senkung des Fahrzeugenergiebedarfs für den Fall dargestellt, dass der Gesamtenergiebedarf minimiert wird. Im Vergleich zu Abbildung 80 fällt auf, dass die Senkung des Fahrzeugenergiebedarfs kleiner ausfällt. Dabei muss aber berücksichtigt werden, dass das Optimierungsziel hier ein minimaler Gesamtenergiebedarf ist. In Abbildung 83 ist die Senkung des Gesamtenergiebedarfs dargestellt. Im Vergleich zu Abbildung 81 zeigt sich, dass bei keinem der Punkte der Gesamtenergiebedarf ansteigt. Somit wurde das Ziel erreicht, dass der Gesamtenergiebedarf im Rahmen des prädiktiven Thermomanagements mit vollständig bekanntem Lastprofil für keinen der untersuchten Punkte mehr ansteigt.

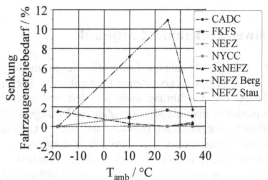

Abbildung 82: Senkung des Fahrzeugenergiebedarfs für das untersuchte BEF in verschiedenen Zyklen für die Standardkonfiguration mit prädiktivem Wärmemanagement bei vollständig bekanntem Lastprofil bei Minimierung des Gesamtenergiebedarfs

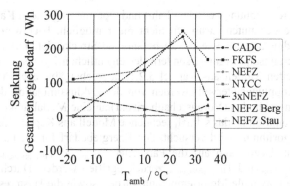

Abbildung 83: Senkung des Gesamtenergiebedarfs für das untersuchte BEF in verschiedenen Zyklen für die Standardkonfiguration mit prädiktivem Wärmemanagement bei vollständig bekanntem Lastprofil bei Minimierung des Gesamtenergiebedarfs

Die Vorteile im FKFS Zyklus und für die dreifache Durchfahrt des NEFZ sind auf die optimierte Motorkühlung und eine angepasste Batterievorkonditionierung zurückführbar. Bei dem Zyklus „NEFZ Berg" sind die Vorteile eine direkte Folge des angepassten Ladezustands zum Startzeitpunkt. Eine Vorkonditionierung der Batterie erfolgt hier nicht. Auch die Motortemperaturregelung weicht nicht nennenswert von der Basis ab. Bei den anderen Zyklen weicht das Ergebnis der Optimierung nicht vom Basiszustand ab, weshalb hier keine Energiebedarfssenkungen erzielt werden können.

5.2   Teilweise bekanntes Lastprofil

Im Fall des teilweise bekannten Lastprofils liegen zu Beginn der Fahrt keine Informationen über das zu erwartende Lastprofil vor. Dies entspricht dem Fall, dass der Fahrer die Zielführung nicht aktiviert und auch dem Fahrzeug sonst keine Informationen über ein etwaiges Ziel zur Verfügung stellt. Die Daten über die zukünftige Fahranforderung müssen dann wie bei Goßlau [71] über im Fahrzeug verbaute Sensoren oder über GPS, Umfeldsensoren oder sonstige Quellen identifiziert werden. Bei den hier durchgeführten Prinzipuntersuchungen werden der Optimierung die Daten der Prognose in regelmäßigen Abständen zur Verfügung gestellt.

5.2.1   Vorgehensweise bei der Simulation

Eine klare Trennung zwischen Fahrt und Optimierung wie in Kapitel 5.1 ist beim teilweise bekannten Lastprofil nicht mehr möglich. Hier werden zunächst die Randbedingungen sowie die zu befahrende Strecke definiert jedoch nicht dem Optimierungsalgorithmus, sondern der eigentlichen Zyklussimulation, also dem gekoppelten Modell aus Kapitel 3.2.1, übergeben. In regelmäßigen Abständen (hier: Kopplungsintervall) werden von der Zyklussimulation die Fahrdaten der nächsten Sekunden (Vorausschauhorizont) an eine Matlabfunktion übergeben. In dieser Funktion ist das schnell rechnende Modell aus Kapitel 3.2.8 integriert. Mit dem Algorithmus wird versucht, den Energiebedarf für die Fahraufgabe zu minimieren. Dazu kann auf die Parameter $T_{Motor,soll}$, $T_{Batt,heizen,oben}$, $T_{Batt,heizen,unten}$, $T_{Batt,kühlen,oben}$, und $T_{Batt,kühlen,unten}$ zurückgegriffen werden. Durch diese Parameter wird die maximale Motortemperatur variiert sowie die Hysteresen für die Batterieheizung und Kühlung beeinflusst. Die optimierten Parameter werden während der Laufzeit des gekoppelten Modells aktualisiert und das gekoppelte Modell rechnet mit den neuen Parametern weiter. In Abbildung 84 ist der Aufbau schematisch dargestellt. Die Vorgehensweise entspricht der nichtlinearen modellbasierten prädiktiven Regelung.

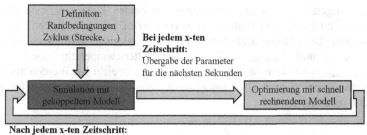

Nach jedem x-ten Zeitschritt:
- Übergabe der optimierten Parameter ($T_{Motor,soll}$, $T_{Batt,heizen,oben}$, $T_{Batt,kühlen,oben}$)
- Simulation mit neuen Parametern

Abbildung 84: Integration der Optimierung in das Gesamtmodell beim prädiktiven Wärmemanagement mit teilweise bekanntem Lastprofil

5.2.2 Vorgaben und Auswirkungen

Es werden die Parameter $T_{Motor,soll}$, $T_{Batt,heizen,oben}$, $T_{Batt,heizen,unten}$, $T_{Batt,kühlen,oben}$, und $T_{Batt,kühlen,unten}$ variiert, um den Fahrzeugenergiebedarf zu senken. Der Parameter $T_{Motor,soll}$ ist im Basismodell des Fahrzeugs auf 90°C gesetzt, was aus der Sicherstellung der Funktionalität des Fahrzeugs aufgrund der thermischen Absicherung folgt. Da der Motor jedoch mit mehr als 90°C betrieben werden kann, kann der Zeitverlauf der Wärmeentstehung im Motor genutzt werden, um ein kurzzeitiges Erhöhen der Motortemperatur zuzulassen. So kann durch kurzzeitiges Erhöhen der Vorgabe von $T_{Motor,soll}$ eine Systemtoleranz für Temperaturspitzen, z. B. bei Überholvorgängen, erzeugt werden, ohne sofort die Pumpenleistung im Motorkreis zu erhöhen. Diese Spitze baut sich bei der nachfolgenden Konstantfahrt ohne zusätzlichen Kühlaufwand wieder ab. Das Optimierungsmodell verfügt auch über die temperaturabhängige Wirkungsgradcharakteristik des Elektromotors, kann also auch die Kühlleistung im Motorkreis erhöhen, um über eine Temperaturabsenkung den Motorwirkungsgrad bei niedrigen Lasten zu steigern. Die beiden Parameter $T_{Batt,heizen,oben}$ und $T_{Batt,heizen,unten}$ sind in Kombination zu betrachten. Bis zu einer Umgebungstemperatur von 10°C kann die Wärmepumpe zur Heizung der Batterie verwendet werden. Unterhalb von 10°C Außentemperatur wirken die beiden Parameter auf die Heizung der Batterie durch das PTC-Element. Ist die Batterietemperatur unterhalb von $T_{Batt,heizen,unten}$, wird die Batterieheizung aktiviert. Wird der Wert von $T_{Batt,heizen,oben}$ überschritten, wird die Heizung deaktiviert. Dabei wird die Eintrittstemperatur in die Batterie so geregelt, dass der maximale Temperaturgradient innerhalb der Batterie eingehalten wird. Ab 10°C Außentemperatur wird die Batterie über den flüssigkeitsgekühlten Kondensator geheizt. Dieser wird über einen Bypass auf der Kühlmittelseite geregelt. Die Parameter sind in ihrer Wirkung jedoch gleich. Ist die Batterie unterhalb von $T_{Batt,heizen,unten}$ so wird geheizt; oberhalb von $T_{Batt,heizen,oben}$ wird das

Heizen eingestellt. Über die Einstellung der beiden Parameter kann also die Leistung zum Heizen der Batterie reduziert werden, wenn die Batterie bei einer niedrigeren Grenztemperatur betrieben wird. Ähnlich verhält es sich mit $T_{\text{Batt,kühlen,oben}}$ und $T_{\text{Batt,kühlen,unten}}$. Ist die Batterietemperatur oberhalb von $T_{\text{Batt,kühlen,oben}}$, wird aktiv gekühlt bis $T_{\text{Batt,kühlen,unten}}$ erreicht ist. Werden also diese Temperaturgrenzen nach oben verschoben, kann die Leistung zum Kühlen der Batterie reduziert werden.

5.2.3   Voruntersuchung

Zur Bestimmung geeigneter Werte für den Vorausschauhorizont und das Kopplungsintervall ist eine Variation dieser Parameter durchgeführt worden. Aufgrund des sehr hohen Aufwandes ist die Simulation des gekoppelten Modells aus Abbildung 84 durch einen Zeitverlauf ersetzt, der aus einer gekoppelten Simulation hervorgeht. Durch diese Vorgehensweise gibt es keine Rückwirkung der variierten Regelparameter auf das System, jedoch wird die Rechendauer reduziert. Es kann aber dennoch geprüft werden, in welchem Verhältnis der Vorausschauhorizont zum Kopplungsintervall stehen muss, um einen optimalen Betrieb zu ermöglichen. Die im schnell rechnenden Modell auf Basis der momentanen Bedingungen für die Dauer des Vorausschauhorizonts berechneten Temperaturen von Motor und Batterie werden dazu mit dem Zeitschrieb verglichen.

Exemplarisch wird diese Bewertung für die Temperaturregelung des Motors erläutert: Wenn es der Bauteilschutz zulässt, sollte der Motor bei der maximal möglichen Temperatur betrieben werden. Für die Regelung ist es daher erforderlich, die sich maximal einstellende Motortemperatur identifizieren zu können. Kann diese nicht berechnet werden, kann es zu Bauteilschädigungen kommen oder der Energiebedarf für die Motorkühlung steigt unnötig an. In beiden Fällen ist die maximale Motortemperatur ausschlaggebend. Aus diesem Grund wird identifiziert, wie häufig und wie stark die aus dem Zeitschrieb vorgegebene Motortemperatur die mit dem schnell rechnenden Modell identifizierte maximale Motortemperatur übersteigt. Für die Zeiten, in denen dies der Fall ist, werden die Abweichungen quadriert und über den gesamten Zyklus integriert. Es stellt sich damit die Summe der Fehlerquadrate ein. Dargestellt ist dieser Wert in Abhängigkeit von Vorausschauhorizont und Kopplungsintervall in Abbildung 85. Deutlich zu erkennen sind die hohen Werte links der Linie „Kopplungsintervall = Vorausschauhorizont", was nachvollziehbar ist, da es sich hier um eine nicht kausale Vorhersage[4] handelt. Im kausalen Bereich der Vorhersage, wo die Zeitspanne zwischen zwei Optimierungen maximal der Zeitspanne der Voraus-

---

[4] Da die Vorausschau in die Zukunft geringer ist als der Kopplungsabstand, ergibt sich zwangsläufig ein Zeitbereich der durch die Vorausschau nicht abgedeckt ist.

schau entspricht, ist der nötige Quotient aus Vorausschauhorizont und Kopplungsintervall größer, je kleiner das Kopplungsintervall ist. In der Abbildung ist auch die Echtzeitgrenze dargestellt. Damit ist gemeint, dass das Optimierungsmodell mit der Vorgabe des Zeitschriebs entlang dieser Kurve gerade noch in Echtzeit laufen würde. Die Vorgabe des Zeitschriebs entspricht dem Fall, wie er im realen Fahrzeug vorliegen würde. Somit ist eine Verwendung von Kopplungsintervall und Vorausschauhorizont jenseits der Echtzeitgrenze bei dieser Konfiguration nach heutigem Stand der Technik nicht im realen Fahrzeug umsetzbar.

Aufgrund der Tatsache, dass die Vorausschau im realen Fahrzeug ungenauer und unzuverlässiger wird, je weiter in die Zukunft geschaut wird, wurde die maximale Vorausschau auf 500 s beschränkt. Um einen sinnvollen Wertebereich an relativer Vorausschau zu erreichen, wurde der Kopplungsintervall auf 100 s gesetzt.

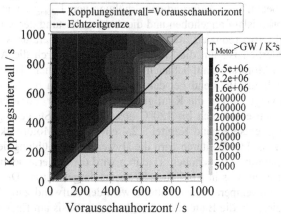

Abbildung 85: Darstellung der Summe der Fehlerquadrate zwischen Motortemperatur und vorhergesagtem Grenzwert in Abhängigkeit von Kopplungsintervall und Vorausschauhorizont

5.2.4 Ergebnisse

Nachdem gezeigt ist, dass durch die Vorausschau in die Zukunft der Algorithmus in der Lage ist, die Regelparameter des Thermomanagementsystems anzupassen, siehe Kapitel 5.2.3, soll im Folgenden untersucht werden, welche Reichweitenpotenziale darstellbar sind. Dabei wird ein Vielfaches der Zyklen durchfahren, um für jeden Zyklus eine Fahrtzeit von ca. einer Stunde zu erreichen. Dadurch wird sichergestellt, dass der Bewertungsmaßstab für alle Zyklen ähnlich ist. Es ist anzumerken, dass in diesem Kapitel durch die Optimierung während der Fahrt der Energiebedarf für die Fahrt reduziert wird. Im realen Betrieb werden sich insgesamt möglicherweise geringere Energieeinsparungen einstellen, da sich durch den geänderten thermischen Zustand des Fahrzeugs nach der Fahrt ein höherer Energiebedarf beim Laden einstellt.

Zunächst wird untersucht, wie sich der Vorausschauhorizont auf das zu erwartende Potenzial auswirkt. Dazu eignen sich vor allem die beiden Zyklen CADC und FKFS bei der Randbedingung Málaga, da hier im Basiszustand die größten Anforderungen an das Thermomanagementsystem gestellt werden. In Abbildung 86 ist die Energiebedarfssenkung über dem Vorausschauhorizont für den FKFS Zyklus bei der Randbedingung Málaga dargestellt. Dabei beträgt das Kopplungsintervall für alle Fälle 100 s. Wie zu erwarten, steigt die Energiebedarfssenkung von der Kausalitätsgrenze bei 100 s Vorausschauhorizont zunächst deutlich an, bis ab 600 s ein stationärer Wert erreicht ist. Durch die Vorausschau in die Zukunft werden die Regelparameter $T_{Motor,soll}$, $T_{Batt,kühlen,oben}$, und $T_{Batt,kühlen,unten}$ beeinflusst. Aufgrund der Erhöhung von $T_{Motor,soll}$ wird die Temperatur im Motorkreislauf angehoben und die Antriebsleistung der Kühlmittelpumpe des Motorkreises reduziert, da bei der erhöhten Temperatur weniger Pumpleistung erforderlich ist, um die Wärme abzuführen. Durch die Anhebung der Temperatur im Motorkreislauf hat auch der Motor eine höhere Temperatur, siehe Abbildung 87 links. Während bei der Basiskonfiguration die Motortemperatur um 90°C schwingt, nutzen die Konfigurationen mit mehr Vorausschauhorizont den sicheren Betriebsbereich bis 120°C aus. Durch die Steigerung der Motortemperatur folgt entsprechend Kapitel 3.2.4 ein höherer Motorwirkungsgrad für den FKFS Zyklus. Des Weiteren wird die Hysterese der Kühlung der Batterie zu höheren Temperaturen verschoben. Dadurch wird die Batterie bei höheren Temperaturen betrieben, was in Abbildung 87 rechts dargestellt ist. Durch die Anhebung der Betriebstemperatur der Batterie wird der Aufwand zum Abkühlen der Batterie reduziert, da die Batterie im Vergleich zur Basis am Ende der Fahrt 8 – 10 K wärmer ist. Dadurch wird die mittlere Antriebsleistung des Klimakompressors reduziert.

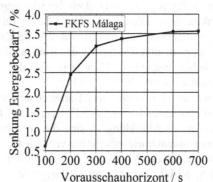

Abbildung 86: Reduktion des Energiebedarfs des untersuchten BEFs in Abhängigkeit des Vorausschauhorizonts für die Standardkonfiguration mit prädiktivem Wärmemanagement bei teilweise bekanntem Lastprofil im FKFS Zyklus bei der Randbedingung Málaga

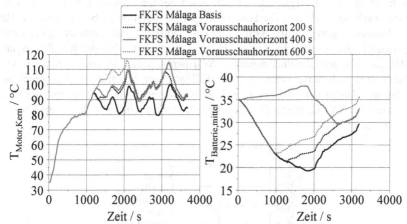

Abbildung 87: Verlauf der Motortemperatur (links) und Verlauf der Batterietemperatur (rechts) beim untersuchten BEF in Abhängigkeit des Vorausschauhorizonts für die Standardkonfiguration mit prädiktivem Wärmemanagement bei teilweise bekanntem Lastprofil im FKFS Zyklus bei der Randbedingung Málaga

Die maximale Batterietemperatur während des Betriebs erhöht sich dabei um maximal 3 K, siehe Abbildung 87 rechts, was mit Hinblick auf die Alterung als hinnehmbar zu bewerten ist. Selbst eine Erhöhung des vollständigen Temperaturkollektivs um 3 K würde die Lebensdauer nur um 5% senken, was aus dem Alterungsmodell aus Kapitel 3.2.3 folgt. Ein weiterer Effekt der höheren Batte-

rietemperatur ist der dadurch gesteigerte Batteriewirkungsgrad, was den Energiebedarf weiter sinken lässt. Die Trends und Effekte im CADC Zyklus für
Málaga sind analog zu den eben besprochenen des FKFS Zyklus. Bei den anderen Umgebungsbedingungen und Zyklen ist der Einfluss des Vorausschauhorizonts deutlich schwächer ausgeprägt. Hier lässt sich das maximale Potenzial
bereits mit einer Vorausschau von 300 s erreichen.

Durch die Anpassung der Motor- und Batterietemperaturregelung kann in
Abhängigkeit der Umgebungsbedingung der Energiebedarf für die Fahrt um bis
zu 6,6% gesenkt werden. In Abbildung 88 sind die erzielbaren Reduktionen in
Abhängigkeit des Vorausschauhorizonts für die verschiedenen Randbedingungen
dargestellt. Dabei ist jeweils der Mittelwert der Energiebedarfssenkung aus den
Zyklen CADC, FKFS, NEFZ, NYCC, „NEFZ Berg" und „NEFZ Stau" dargestellt. Die bei der Randbedingung Málaga deutlichen Einsparungen haben ihre
Ursache in den Zyklen NEFZ, NYCC, „NEFZ Berg" und „NEFZ Stau". Hier ist
aufgrund der geringen Wärmeentstehung in der Batterie ein Betrieb ohne Chiller
möglich. Deshalb wird die Batterie durch die reduzierte Kompressorleistung
entlastet und der Energiebedarf sinkt. Auch bei den Zyklen CADC und FKFS
wird durch das Anheben der Batterietemperatur der Energiebedarf gesenkt. Bei
der Randbedingung Kiruna wird durch eine reduzierte Batterieheizung der Energiebedarf gesenkt, allerdings nicht in dem Ausmaß wie bei der Randbedingung
Málaga. Bei den Randbedingungen Wärmepumpenpunkt und Frankfurt wird
durch eine reduzierte Heizung bzw. Kühlung der Batterie der Energiebedarf
reduziert. Zusätzlich wird bei allen Randbedingungen und Zyklen, mit der Ausnahme vom NYCC, durch die optimierte Motorbetriebsweise der Energiebedarf
weiter reduziert.

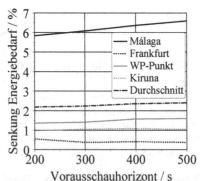

Abbildung 88: Durchschnittliche Reduktion des Energiebedarfs des untersuchten BEFs
für die Standardkonfiguration mit prädiktivem Wärmemanagement bei
teilweise bekanntem Lastprofil für die untersuchten Zyklen in Abhängigkeit des Vorausschauhorizonts

In Abbildung 89 sind die Energiebedarfssenkungen für die jeweiligen Zyklen für einen Vorausschauhorizont von 300 s dargestellt. Hier ist zu erkennen, dass in keiner Kombination aus Zyklus und Randbedingung der Energiebedarf erhöht wird. Bei der Randbedingung Málaga und den Zyklen NYCC und „NEFZ Berg" lässt sich bei einer Fahrt von ca. einer Stunde der Energiebedarf um fast 9% senken.

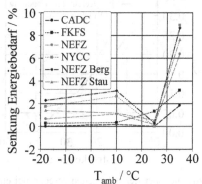

Abbildung 89: Reduktion des Energiebedarfs des untersuchten BEFs für die Standardkonfiguration mit prädiktivem Wärmemanagement bei teilweise bekanntem Lastprofil in verschiedenen Zyklen bei einem Vorausschauhorizont von 300 s

5.3 Erhöhung der Reichweite durch weitere Energiemanagementmaßnahmen

Aufgrund der teilweise geringen Reichweite von BEF tritt bei den Nutzern die Befürchtung auf, das Ziel nicht zu erreichen. Es wird hierbei von der Reichweitenangst [128] gesprochen. Um für diesen befürchteten Fall gewappnet zu sein, ist in das Modell der Reichweitenregler aus Kapitel 3.2.7 implementiert. Der Reichweitenregler greift nur dann in das Geschehen ein, wenn detektiert wird, dass die vom Fahrer vorgegebene Strecke unter den momentanen Bedingungen nicht vollständig zu durchfahren ist. Exemplarisch sei hier der Fall erläutert, bei dem zum Zeitpunkt 0 noch eine Stecke von 45 km zurückzulegen ist. Hierbei ist noch eine nutzbare Restladung von 33% SoC vorhanden. Für den angenommenen Fall reicht die Restladung noch für ca. 40 km. Das Ziel ist somit nicht erreichbar. In Abbildung 90 ist die verfügbare Restladung über der zurückgelegten Strecke dargestellt. Im Fall ohne Reichweitenregler ist die verfügbare Ladung nach 40 km aufgebraucht und das Fahrzeug bleibt kurz vor Erreichen des Ziels stehen. Im Vergleich dazu steht eine Fahrt mit aktivierter Reichweitenregelung. Hier wird erkannt, dass das Ziel unter den momentanen Bedingungen nicht erreicht werden kann. Dementsprechend wird die Leistungsaufnahme der einzelnen Verbraucher nach einer vorgegebenen Prioritätenliste reduziert. Durch die Reduktion der Leistungsaufnahme bzw. völliges Abschalten einzelner Verbraucher wird die Vorgabe von 45 km erreicht.

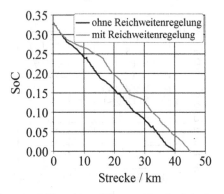

Abbildung 90:   Ladezustand über der gefahrenen Strecke bei einer Fahrt mit und ohne Reichweitenregler

Um dieses Ziel von 12,5% Reichweitensteigerung zu erreichen, wird bereits nach einigen Sekunden die Nebenverbraucherleistung[5] gegenüber der normalen Fahrt reduziert, siehe Abbildung 91 links. Das Niveau pendelt sich auf ca. 50% einer normalen Fahrt ein. Über die Reduktion der Nebenverbraucherleistung hinaus wird auch die Maximalgeschwindigkeit des Fahrzeugs eingeschränkt, was am verringerten Verlauf der Durchschnittsgeschwindigkeit in Abbildung 91 rechts zu erkennen ist. Insgesamt ist zum Erreichen des Ziels eine Absenkung der Kabinentemperatur um 7,6 K und eine Reduktion der Durchschnittsgeschwindigkeit um 8,7 km/h erforderlich. Bei dem dargestellten Fall werden die Nebenverbraucherleistung sowie die Antriebsleistung mit ähnlicher Priorität reduziert. Es ist aber auch ein Fall denkbar, bei dem primär die Klimatisierung oder primär der Antrieb reduziert wird, was eine unterschiedliche Aufteilung der Leistungsreduktionen zur Folge hätte. Dies ist durch einfaches Modifizieren der Prioritätenliste der einzelnen Verbraucher darstellbar.

---

[5] Hier ist jegliche Leistung zusammengefasst, die nicht für den Antrieb verwendet wird.

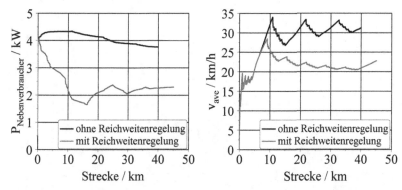

Abbildung 91: Verlauf der Nebenverbraucherleistung (links) und der Durchschnittsgeschwindigkeit (rechts) bei einer Fahrt mit und ohne Reichweitenregelung

Wird für den Vergleich der beiden Fahrten die Geschwindigkeits-Kennzahl
aus Kapitel 3.4 herangezogen, folgt, dass der Reichweitenregler mit den vorgegebenen Prioritäten im Vergleich zu der normalen Fahrt eine näherungsweise
optimale Geschwindigkeits-Kennzahl einstellt, siehe Abbildung 92. Während
sich bei beim Ende der normalen Fahrt eine Geschwindigkeits-Kennzahl von
1,16 einstellt, wird durch den Reichweitenregler eine Geschwindigkeits-
Kennzahl von 0,978 erreicht. Dieser Wert liegt deutlich näher am Optimum von
1 als die normale Fahrt.

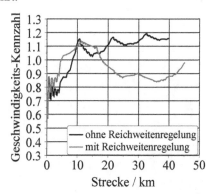

Abbildung 92: Verlauf der Klimakennzahl bei einer Fahrt mit und ohne Reichweitenregelung

6 Schlussfolgerung und Ausblick

Im Rahmen dieser Arbeit wurde mit verschiedenen Ansätzen die Reichweite eines BEFs erhöht. Als Basis für die Untersuchungen diente ein generisches Fahrzeugmodell, das mit Messungen von Einzelkomponenten abgestimmt wurde. Dieses Modell wurde speziell für diese Arbeit entwickelt. Der Fokus der Entwicklung lag dabei auf der Abbildung des elektrischen Antriebsstrangs und der Wärmepumpe. Das hier entwickelte Batteriemodell ist für die Simulation des BEFs geeignet und bildet auch den Einfluss der Alterung auf das Thermomanagement ab. Das gewählte Fahrzeug entspricht von seinen Kenndaten einem Mittelklassefahrzeug.

Durch die dargestellten Ergebnisse konnte gezeigt werden, dass trotz des hohen Wirkungsgrades eines BEFs die Reichweite durch Thermomanagementmaßnahmen gesteigert werden kann. In vorliegendem Fall konnten näherungsweise 20% des theoretisch vorhandenen Potenzials erschlossen werden. Da das theoretische Potenzial bei hohen und niedrigen Temperaturen höher ist als bei mittleren Temperaturen, wurde nicht nur die absolute Reichweite erhöht, sondern auch der Effekt der Umgebungstemperatur auf die Reichweite abgemildert.

Mit Hilfe der hergeleiteten Geschwindigkeits-Kennzahl ist es möglich, über einen einfachen Kennwert auszudrücken, ob die Nebenverbraucher oder der Antrieb die erzielbare Reichweite stärker beeinflussen. Ein Wert kleiner als eins bedeutet, dass die Nebenverbraucher dominant auf den Energiebedarf wirken. Für Werte größer als eins ist der Antrieb der dominante Verbraucher. Maximal wird die Reichweite für einen Wert von eins. Diese Größe kann für die Beeinflussung des Fahrers im Instrumententräger dargestellt oder für die Regelung von Nebenverbrauchern genutzt werden.

Neben den Thermomanagementmaßnahmen, die während der Fahrt den Energiebedarf des Fahrzeugs reduzieren, kann beim BEF durch die Vorkonditionierung von Innenraum und Batterie der Energiebedarf des Fahrzeugs im Fahrbetrieb reduziert werden. Jedoch geht mit einer Vorkonditionierung immer ein Anstieg des Gesamtenergiebedarfs einher. Durch die Vorkonditionierung der Kabine konnte für eine Umgebungstemperatur von -18°C eine Reduktion des Streckenverbrauchs von 11% nachgewiesen werden.

Durch die Erweiterung des Thermomanagements mit einer prädiktiven Regelung konnte nachgewiesen werden, dass die Koppelung mit einem Navigationssystem und frühzeitige Eingabe des Fahrziels und des Startzeitpunkts ein Potenzial für die Reichweitensteigerung birgt. Für den Fall, dass sich das Fahrzeug auf die zu befahrende Strecke einstellen kann bevor es losfährt, konnten Energiebedarfssenkungen von bis zu 11% dargestellt werden. Muss sich das

Fahrzeug während der Fahrt auf die vor ihm liegende Strecke einstellen, ergeben sich Einsparungen bis zu 9% wobei der Durchschnitt bei 2,5% liegt.

Sollte es dazu kommen, dass das Ziel aufgrund der Batterieladung unter den momentanen Bedingungen nicht erreicht werden kann, ist es mit der vorgestellten Regelung möglich, das Ziel dennoch zu erreichen. Der Streckenverbrauch wird reduziert und damit die Reichweite auf den erforderlichen Wert erhöht. Somit konnte die Reichweite im dargestellten Fall um 12,5% gesteigert werden, wobei dies nicht die Grenze des Systems darstellt. Es ist eine größere Erhöhung der Reichweite möglich. Jedoch sind im Grenzfall nur noch die gesetzlich vorgeschriebene Verbraucher aktiv, die Klimatisierung ist inaktiv und der Antrieb ermöglicht eine Fahrt mit maximal 50 km/h.

Durch die Tendenz zu autonomen Fahrzeugen gewinnt das prädiktive Thermo- und Energiemanagement an Bedeutung, da durch die notwendigerweise geplanten Routen und den Wegfall des Einflussfaktors Fahrer ein prädiktives Thermo- und Energiemanagement einfacher umgesetzt werden kann. Darüber hinaus ist zu erwarten, dass diese Fahrzeuge auch aufgrund der Anforderung, autonom fahren zu können, über mehr Rechenleistung verfügen werden. Damit wird die Berechnung von Echtzeit-Fahrzeugmodellen erleichtert.

Literaturverzeichnis

[1] BENZ & Co. In Mannheim: Fahrzeug mit Gasmotorenbetrieb. Patentschrift No 37435, 2. November 1886.

[2] Seherr-Thoß, H. C. Graf von: Reithmann, Christian, Neue Deutsche Biographie 21 (2003 www.deutsche-biographie.de/pnd118744429.html am 03.03.2014.

[3] Daibler, J.: Experimentalphysik des Geistes, Vandenhoeck & Ruprecht 2001, ISBN: 3525208111.

[4] Encyclopaedia Britannica: William Sturgeon, www.britannica.com/EBchecked/topic/570124/William-Sturgeon am 04.03.2014.

[5] Naunin, D.: Hybrid-, Batterie- und Brennstoffzellen-Elektrofahrzeuge, Renningen, Expert Verlag, 2007.

[6] Kraftfahrbundesamt: Umwelt – Deutschland und seine Länder am 1. Januar 2013, www.kba.de/cln_031/nn_269000/DE/Statistik/Fahrzeuge/Bestand/ Umwelt/2013__b__umwelt__dusl__absolut am 04.03.2014.

[7] Arnold, A.; Syrnik, R.: Analyse der Auswirkung erhöhter ungefederter Radmassen auf das Fahrverhalten eines Pkws, 2. Internationale Messe für Elektromobilität, München, 2010.

[8] CPowerT: Speedstart ® Integrated Starter / Motor & Generator, www.cpowert.com/assets/SpeedStart_5_13_v2-1.pdf am 26.04.2014.

[9] Schröder, D.: Elektrische Antriebe – Grundlagen, 4. erweiterte Auflage, Springer Verlag, 2009, ISBN: 978-3-642-02989-9.

[10] Specovius, J.: Grundkurs Leistungselektronik, Vieweg & Sohn, Wiesbaden, 2008, ISBN: 978-3-8348-0229-3.

[11] Cebulski, B.: Leistungselektronik in Fahrzeugantrieben, ATZ-Elektronik 6 (2011), Nr. 1, S. 20-25, 2011.

[12] Crastan, V.: Elektrische Energieversorgung 2, Berlin, Springer, 2011, 3. Auflage ISBN 978-3-642-19855-7.

[13] Gellerich, W.: Akkumulatoren - Grundlagen und Praxis, Shaker Media, Aachen, 2011, 1. Auflage ISBN 978-3-86858-668-8.

[16] Braess, H.-H.; Seiffert, U. (Hrsg.): Vieweg Handbuch Kraftfahrzeugtechnik, 5. Auflage, Wiesbaden, Vieweg und Teubner Verlag, 2007, ISBN: 978-3-8348-0222-4.

[14] Bundesministerium der Justiz: Gesetz über das Inverkehrbringen, die Rücknahme und die umweltverträgliche Entsorgung von Batterien und Akkumulatoren (Batteriegesetz - BattG) vom 25.06.2009, www.gesetze-im-internet.de/bundesrecht/battg/gesamt.pdf am 28.02.2011.

[15]   Jossen, M.; Weydanz A.: Moderne Akkumulatoren richtig einsetzen, Inge Reichardt Verlag, München/Leipheim, 2006, ISBN: 3-939359-11-4.

[17]   Blumenthal, G.; Linke, D.; Vieth, S.: Chemie – Grundwissen für Ingenieure, Teubner, 2006, ISBN 978-3-519-03551-0.

[18]   Heinemann, D.: Strukturen von Batterie- und Energiemanagementsystemen mit Bleibatterien und Ultracaps, Berlin, Universität, Dissertation, 2007.

[19]   Jongerden, M.R.; Haverkort, B.R.: Battery Modeling, University of Twente, Faculty of Electrical Engineering, Mathematics and Computer Science, Internal Report, 2008.

[20]   Newman, J.; Tiedemann, W.: Porous-Electrode Theory with Battery Applications, AlChE Journal 21 pp. 25-41, 1975.

[21]   Doyle, M.; Fuller, T. F.; Newman, J.: Modeling of Galvanostatic Charge and Discharge of the Lithium/Polymer/Insertion Cell, Journal of The Electrochemical Society, Vol. 140, 1993.

[22]   Doyle, M.; Fuller, T. F.; Newman, J.: Simulation and Optimization of the Dual Lithium Ion Insertion Cell, Journal of The Electrochemical Society, Vol. 141, 1994.

[23]   Doyle, M.; Fuller, T. F.; Newman, J.: Relaxation Phenomena in Lithium-Ion-Insertion Cells, Journal of The Electrochemical Society, Vol. 141, 1994.

[24]   Ramadass, P.; Haran, B.; Gomadam, P. M.; White, R.; Popov, B. N.: Development of First Principles Capacity Fade Model for Li-Ion Cells, Journal of The Electrochemical Society, Vol. 151, 2004.

[25]   Rakhmatov, D. N.; Vrudhula, S. B. K.: An Analytical High-Level Battery Model for Use in Energy Management of Portable Electronic Systems, Proceedings of the International Conference on Computer Aided Design, 2001.

[26]   Rakhmatov, D. N.; Vrudhula, S. B. K.; Wallach, D. A.: Battery Lifetime Prediction for Energy-Aware Computing, Proceedings of International Symposiums on Low Power Electronics and Design, 2002.

[27]   Rakhmatov, D. N.; Vrudhula, S. B. K.: Energy Management for Battery-Powered Embedded Systems, ACM Transactions on Embedded Computing Systems, 2003, Vol. 2, Nr. 3, S. 277 – 324, 2003.

[28]   Rakhmatov, D. N.; Vrudhula, S. B. K.; Wallach, D. A.: A Model for Battery Lifetime Analysis for Organizing Applications on a Pocket Computer, IEEE Transactions on Very Large Scale Integration Systems, 2003, Vol. 11, Nr. 6, S. 1019 – 1030, 2003.

[29]   Martin, T. L.: Balancing Batteries, Power, and Performance System
        Issues in CPU Speed-Setting for Mobile Computing, Pittsburgh, USA,
        Dissertation, 1999.

[30]   Panigrahi, D.; Chiasserini, C.; Dey, S.; Rao, R.; Raghunathan, A.;
        Lahiri, K.: Battery life Estimation for mobile embedded Systems, Pro-
        ceedings of the International Conference on VLSI Design, 2001.

[31]   Wolfram MathWorld: Markov Process; http://mathworld.wolfram.com/
        MarkovProcess.html, 21.07.2009 um 14:40.

[32]   Chen, M.: Accurate Electrical Battery Model Capable of Predicting
        Runtime and I-V Performance, IEEE Transactions on Energy Conver-
        sion, Vol. 21, No. 2, June 2006.

[33]   Kroetze, R. C.; Krein, P.T.: Electrical Battery Model for Use in Dynam-
        ic Vehicle Simulations, IEEE Power Electronic Specialists Conference,
        2008, S. 1336-1342.

[34]   Appelbaum, J.; Weiss, R.: An Electrical Model of the Lead-Acid Bat-
        tery, 1982.

[35]   Salameh, Z. M.; Casacca, M. A.; Lynch, W. A.: A Mathematical Model
        for Lead-Acid Batteries, IEEE Transactions on Energy Conversion, Vol.
        7, No.1 March 1992.

[36]   Valvo, M.; Wicks, F. E.; Robertson, D.; Rudin, S.: Development and
        Application of an Improved Equivalent Circuit Model of a Lead Acid
        Battery, Proc. Energy Convers. Eng. Conf., Vol. 2, Aug. 1996, pp.
        1159-1163.

[37]   Johnson, V. H.; Pesaran, A. A.; Sack, T.: Temperature-Dependent Bat-
        tery Models for High-Power Lithium-Ion Batteries, 17th Annual Electric
        Vehicle Symposium, Montreal, Canada, 15-18 October 2000.

[38]   Johnson, V. H.; Zolot, M. D.; Pesaran, A. A.: Development and Valida-
        tion of a Temperature-Dependent Resistance/Capacitance Battery Mod-
        el for ADVISOR, International Electric Vehicle Symposium 2001, Ber-
        lin, 2001.

[39]   Verbrugge, M.; Tate, E.: Adaptive state of charge algorithm for nickel
        metal hydride batteries including hysteresis phenomena, Journal of
        Power Sources 126 (2004) 236-249, 2004.

[40]   Gold, S.: A PSPICE Macromodel for Lithium-Ion Batteries, Proc. 12th
        Annu. Battery Conf. Applications and Advances, 1997, pp. 215-222.

[41]   Gao, L.; Liu, S.; Roger, A.: Dynamic Lithium-Ion Battery Model for
        System Simulation, IEEE Transactions on Components and Packaging
        Technologies, Vol. 25, No. 3, September 2002.

[42]   Abu-Sharkh, S.; Doerffel, D.: „apid test and non-linear model character-
        ization of solid-state lithium-ion batteries, Journal of Power Sources 130
        (2004) 266-274.

[43]   Ratnakumar, B. V.: Electrochemical Impedance Spectroscopy and Applications to Lithium Ion Cells, Electrochemical Technologies Group, Jet Propulsion Laboratory, California Institute of Technology

[44]   Rodrigues, S.; Munichandraiah, N.; Shukla A. K.: A review of state-of-charge indication of batteries by means of a.c. impedance measurements, Journal of Power Sources 87 (2000), 12-20.

[45]   Srinivasan, V.; Wang, C. Y.: Analysis of Electrochemical and Thermal Beahvior of Li-ion Cells, Journal of The Electrochemical Society 150 (1) A98–A106 (2003), 2003.

[46]   IAV: Klimatisierung und Thermomanagement, www.iav.com/down loads/de/handouts/fahrzeugentwicklung/090924_Klimatisierung_Therm omgmt_WEB am 22.11.2010.

[47]   von Borck, F.; Eberleh, B.; Raiser, S.: Schlüsseltechnologien zur Herstellung von Lithiumbatterien in automotive Traktionsanwendungen, EMA 2010 Berlin/Offenbach, VDE Verlag GmbH, 2010.

[48]   Gottwald, A.; Heckenberger, T.: Hybrid-Batterien gut gekühlt ATZ-PRODUKTION 2009, Nr. 9.

[49]   Heckenberger, T.: Kühlung von Lithium-Batterien - mehr als nur eine weitere Kühlungsaufgabe, Behr - Technischer Pressetag 2009. Stuttgart, 2009.

[50]   Wiebelt, A..; Isermeyer, T.; Siebrecht, T.; Heckenberger, T.: Thermomanagement von Lithium-Ionen-Batterien, ATZ 2009, Nr. 8.

[51]   Lamm, A.; Warthmann, W.; Soczka-Guth, T.; Kaufmann, R.; Spier, B.; Friebe, P.; Stuis, H.; Mohrdieck, C.: Lithium-Ionen-Batterie - Erster Serieneinsatz im S 400 Hybrid, ATZ 2009, Nr. 8.

[52]   Heckenberger, T.: „Thermomanagement von Hybridfahrzeugen, KI Kälte Luft Klimatechnik 2007, Oktoberausgabe.

[53]   Reitberger, W.: Entwärmungskonzepte für Leistungselektronik, http://imperia.mi-verlag.de/imperia/md/content/ai/ae/fachartikel/ei/ 2009/10/ ei09_10_030.pdf am 22.11.2010.

[54]   Wallentowitz, H.; Freialdenhoven, A.; Olschewski, I.: Strategien zur Elektrifizierung des Antriebstranges, Wiesbaden, Vieweg+Teubner / GWV Fachverlage GmbH, 2010.

[55]   Valeo: Valeo präsentiert auf einem Show Car seine Technologien für Elektrofahrzeuge, www.valeo.com/fileadmin/dotcom/uploads/pdf/De/ press %20kit%20All-Version%20finale_de.pdf am 24.11.2010.

[56]   Trechow, P.; Pester, W.: Massenmarkt für Elektrofahrzeuge ist schwer abzusehen. In: VDI Nachrichten, www.vdi-nachrichten.com/vdi-nachrichten/aktuelle_ausgabe/akt_ausg_detail.asp?cat=2&id=40394 &source=homepage am 22.11.2010.

[57]   Ixetic: Mehr Saft für Elektroautos, www.ixetic.com/de/presse/archiv/
       index.pmode am 11.07.2011.

[58]   Edwards, S.: Kühlung für elektrische Fahrzeuge mit erhöhter Reichwei-
       te, Behr - Technischer Pressetag 2009. Stuttgart, 2009.

[59]   Neumeister, D.; Wiebelt, A.; Heckenberger, T.: Systemeinbindung einer
       Lithium-Ionen-Batterie in Hybrid- und Elektroautos, ATZ 2010, Nr. 4.

[60]   ATZ: Gutes Klima - Mit Kälte und Wärme, www.atzonline.de/Wissen/
       Dossiers/1247/Gutes-Klima-Mit-Kaelte-und-Waerme.html   am
       05.11.2010.

[61]   Berger, H.: Hybrid & Elektrofahrzeuge, www.nta-isny.de/fileadmin/
       editor/downloads/pdfs/Hybrid-_und_Elektrofahrzeuge.pdf   am
       24.11.2010.

[62]   Metric Mind Corporation: EV AC liquid cooled PM synchonous, induc-
       tion and hybrid 3 phase motors, www.metricmind.com/motor.htm am
       15.6.2011.

[63]   Hage, E.: Wahl eines Elektromotors: Beugen Sie Überhitzung und
       Überdimensionierung vor, specAmotor, 2007.

[64]   IEC 34-6:1991: Rotating electrical machines – Part 6: Methods of cool-
       ing (IC Code), 1991.

[65]   Feustel, H.-P.: Leistungselektronik für zukünftige Antriebskonzepte,
       Bayern Innovativ - Kooperationsforum Trends in der Motorentechnolo-
       gie Passau, 2005.

[66]   Nowottnick, M.: Zuverlässigkeit von Lötverbindungen ATV für die
       Leistungselektronik, Universität Rostock - Institut für Gerätesysteme
       und Schaltungstechnik, Rostock, 2011.

[67]   März, M.; Schletz, A.; Eckardt, B.; Egelkraut, S.; Rauh, H.: Power Elec-
       tronics System Integration for Electric and Hybrid Vehicles, Fraunhofer
       Institute of Integrated Systems and Device Technology, Erlangen, 2010.

[68]   Walker, D.: VECTOPOWER Funktionen und Preise, vectopower.com
       2011.

[69]   DIN 1946-3: Raumlufttechnik – Teil 3: Klimatisierung von Personen
       kraftwagen und Lastkraftwagen, Deutsches Institut für Normung, 2006.

[70]   Schmid, S.; Schier, M.; Dittus, H.; Braig, T.; Philipps, F.; Beeh, E.;
       Brückmann, S.; Eschenbach, M.; Propfe, B.: Strukturanalyse von Au-
       tomobilkomponenten für zukünftige elektrifizierte Fahrtzeugantriebe,
       AELFA Endbericht, Stuttgart, 2011.

[71]   Goßlau, D.: Vorausschauende Kühlsystemregelung zur Verringerung
       des Kraftstoffverbrauchs, Dissertation TU Cottbus, 2009.

[72]   Braun, M.; Linde, M.; Eder, A.; Kozlov, E.: Das vorausschauende
       Wärmemanagement zur Optimierung von Effizienz und Dynamik,
       dSPACE Magazin 2/2010, Paderborn, 2010.

[73]   Patent DE102009039374A1 03.03.2011: Vorausschauendens Wärme-
        management in einem Kraftfahrzeug, Bayrische Motoren Werke AG,
        2011.

[74]   BMW: BMW Group Innvovationstag 2012: Efficient Dynamics;
        www.press.bmwgroup.com/pressclub/p/pcgl/startpage.html   am
        26.11.2013.

[75]   Rindsfüßer, M.; Kuitunen, S.; Potthoff, U.: Lastsynchrones Thermo-
        management – Eine prototypische Anwendung für Hybridbusse,
        www.spheros.de/Media/Documents/2132/LTM_dt.pdf am 26.11.2013.

[76]   Lattemann, F.; Neiss, K.; Terwen, S.; Connolly, T.: The Predictive
        Cruise Control – A System to Reduce Fuel Consumption of Heavy Duty
        Trucks, SAE 2004-01-2616, Detroit, 2004.

[77]   Schuricht, P.; Bäker, B.: Nutzung von Umfeldinformationen für eine
        prädiktive Fahrzeugbetriebsführung, Teil 1: Fahrzeug-Ampel-
        Kommunikation (Car-to-Infrastructure-Communication, Poster, Techni-
        sche Universität Dresden, 2011.

[78]   Kosch, T.: Den Horizont der Fahrassistenz erweitern: Vorausschauende
        Systeme durch Ad-hoc Vernetzung, 1. Tagung Aktive Sicherheit durch
        Fahrassistenzsysteme, 2004.

[79]   Zlocki, A.; Benmimoun, A.; Themann, P.: Eco ACC – Ansatz für die
        Bewertung des Energieeinsparpotenzials eines ACC-Algorithmus für
        Hybridfahrzeuge, 19. Aachener Kolloquium Fahrzeug- und Motoren-
        technik 2010.

[80]   Lange, S.; Schimanski, M.; Varchmin, J.-U.: Fahrstreckenerkennung zur
        Prognose des Energiebedarfs in Fahrzeugen mit alternative Antrieben,
        Hybridfahrzeuge, ISBN: 978-3816925019, 2005.

[81]   Dorrer, C.; Friedmann, S.; Reichart, G.; Rieker, H.: Ein adaptives An-
        triebsmanagement zur Verbrauchsreduzierung durch Nutzung telemati-
        scher Informationssysteme, VDI Berichte Nr. 1418, 1998.

[82]   Dorrer, C.: Effizienzbestimmung von Fahrweisen und Fahrerassistenz
        zur Reduzierung des Kraftstoffverbrauchs unter Nutzung telematischer
        Informationen, Dissertation Universität Stuttgart, 2003.

[83]   Grein, F. G.; Wiedemann, J.: Vorausschauende Fahrstrategien für Ver-
        brauchssenkende Fahrassistenzsysteme, VDI Berichte Nr. 1565, 2000.

[84]   Moran, K.; Foley, B.; Fastenrath, U.; Raimo, J.: Digital Maps, Connec-
        tivity and Electric Vehicles – Enhancing the EV/PHEV Ownership Ex-
        perience, SAE 2010-01-2316, 2010.

[85]   Schröder, C.; Petr, P.; Gräber, M.; Köhler, J.: Nichtlineare modellbasier-
        te prädiktive Regelung der Betriebsstrategie in Hybridfahrzeugen, in
        Tagungsband zu Wärmemanagement des Kraftfahrzeugs IX, 2014,
        ISBN: 978-3-8169-3275-8.

[86]   Genger, M.; Weinrich, M.: Optimiertes Thermomanagement, FVV Vorhaben Nr. 854, FVV Frankfurt, 2007.

[87]   Stegmann, B.; Stotz, I.: Prognose Thermomanagement, FVV Vorhaben Nr. 1004, FVV Frankfurt, 2011.

[88]   Karras, N.; Kuthada, T.; Wiedemann, J.: Simulation of a Complete Battery Electric Vehicle, Tagungsband zu International KULI User Meeting 2013.

[89]   Gamma Technologies: GT-SUITE Overview, http://gtisoft.com/pro ducts/GT-SUITE_Overview.php am 10.10.2014.

[90]   Martine, G.: State of world population 2007 – Unleashing the Potential of Urban Growth, UNFPA Report 2007.

[91]   FKFS: Stuttgart-Rundkurs, www.fkfs.de/kraftfahrzeugmechatronik/ leistungen/kundenrelevanter-fahrbetrieb/stuttgart-rundkurs/ am 04.04.2014.

[92]   Wiedemann, J.: Kraftfahrzeuge I+II, Vorlesungsskript Universität Stuttgart, 2010.

[93]   Auer, M.; Kuthada, T.; Widdecke, N.; Wiedemann, J.: „Modellierung der Batterie und daraus resultierende Abweichungen in der Simulation von batterieelektrischen Fahrzeugen, in Tagungsband zu Wärmemanagement des Kraftfahrzeugs IX, 2014, ISBN: 978-3-8169-3275-8.

[94]   BaSyTec Battery Test Systems: Modular Battery Test System, www.basytec.de/prospekte/GSM_LPS_HPS_Web.pdf am 17.12.12.

[95]   A123 Systems: Development of Battery Packs for Space Applications, Proceedings of the NASA Aerospace Battery Workshop 2007, 2007.

[96]   Miner, M. A.: Cumulative Damage in Fatique, Journal of Applied Mechanics, pp. A.159-164 (1945), 1945.

[97]   Mcintosh, D.: Li-ion Battery Aging Datasets, NASA Ames Research Center, https://c3.nasa.gov/dashlink/resources/133/ am 06.03.2012.

[98]   Prexler, F.: Fahrzeugantriebe für elektromotorisch betriebene Elektroleicht-fahrzeuge, Sonderdruck aus VDI Berichte 1175 Seiten 593-602.

[99]   Wallentowitz, H.; Biermann, J.-W.; Bady, R.; Renner, C.: Strukturvarianten von Hybridantrieben, VDI-Tagung Hybridantriebe, München, 1999.

[100]   Yoon, M. K.; Jeon, C. S.; Ken Kauh, S.: Effiency Increase of an Induction Motor by Improving Cooling Performance, IEEE Transactions on Energy Conversion, Vol. 17, No.1, March 2002.

[101]   Song, L.; Li, Z.; Gao J.; Zeng Q.; Wang F.: Thermal effect on water cooling induction motor's performance used for HEV, IEEE Vehicle Power and Propulsion Conference (VPPC), September 3-5, 2008, Harbin, China.

[102]   CRC Handbook of CHEMISTRY and PHYSICS 93rd Edition, 2012-2013.

[103]   Palgrem, A.: Neue Untersuchungen über die Energieverluste in Wälzlagern, VDI-Berichte, Band 20, 1957, S. 117-121.

[104]   Block, S.: Physik – Formeln, Gesetze und Fachbegriffe; Compact Verlag, 2010, ISBN: 978-3-8174-9064-6.

[105]   Surek, D.; Stempin, S.: Angewandte Strömungsmechanik für Praxis und Studium, Teubner, Wiesbaden, 2007, ISBN: 978-3-8351-0118-0.

[106]   Kern, J.; Ambros, P.: Concepts for a Control Optimized Vehicle Engine Cooling System, SAE 971816, 1997.

[107]   Butz, Tilman.: Fouriertransformation für Fußgänger, Vieweg+Teubner Verlag, 2012, ISBN: 978-3-8348-8295-0.

[108]   Straßenverkehrs-Ordnung (StVO) §17 Abs. 1.

[109]   FKFS: Antriebsstrang- und Hybrid-Prüfstand, www.fkfs.de/fileadmin /media/02_mechatronik/04_antriebsstrang_hybrid/pdf_dokumente/mech _pdf_4-1-5_ antriebsstrang-pruefstand_de.pdf am 05.04.2013 um 14:35.

[110]   Electronic Sensor: Mantelthermoelemente, www.electronic-sensor.com /index.php?option=com_content&view=category&id=34&Itemid=27&l ang=de am 31.3.2014.

[111]   Fischer Mess- und Regeltechnik: Datenblatt ME11 Drucktransmitter, *09005555* DB_DE_ME11 Rev.A 09/13.

[112]   Siemens: SITRANS F M MAG 1100, www.automation.siemens .com/mcms/sensor-systems/de/messumformer/durchflussmessung/ magnetisch-induktiv/gleichfeld/messaufnehmer/seiten/sitrans-f-m-mag-1100.aspx am 31.03.2014.

[113]   Siemens: SITRANS F M MAG 5000, www.automation.siemens. com/mcms/sensor-systems/de/messumformer/durchflussmessung/mag netisch-induktiv/gleichfeld/messumformer/seiten/sitrans-f-m-mag-5000.aspx am 31.03.2014.

[114]   Casey, M.: Messtechnik an Maschinen und Anlagen, Vorlesungsmanuskript zur Vorlesung Messtechnik 1, 2008.

[115]   Kalibrierzertifikat zu verwendeten ABB FCB350 Sensoren

[116]   Rheintacho: Produktionformationen, F/I(U)-Wandler",FIU-Wandler 587x_revC, 11.3.2008.

[117]   HBM: T10FS Drehmoment-Messflansch - Datenblatt, B0778-11.0 de

[118]   Danfysik: Datenblatt zu Ultrastab 867-1000IHF Precision Current Transducer

[119]   Yokogawa Electric Corporation: WT3000 Präzisionsleistungsanalysator - Benutzerhandbuch, IM 760301-01D 2. Ausgabe.

[120]   Friedrich, H.; Pietschmann, F.: Numerische Methoden Ein Lehr- und Übungsbuch, de Gruyter, 2010, ISBN: 978-3-11-02186-0.

[121]   Statler, M.; Burger, R.: Ölzirkulationsmessungen in Kfz-Kältemittel-Kreisläufen, KI Luft- und Kältetechnik Oktober 2007, 2007.

[122]   Persönliche Auskunft vom technischen Support von Gamma Technologies, November 2013.

[123]   Großmann, H.: Pkw-Klimatisierung, Springer, 2010, ISBN: 978-364205945.

[124]   Schmidt, C.; Praster, M.; Wölki, D.; Wolf, S.; van Treeck, C.: Rechnerische und probandengestützte Untersuchung des Einflusses der Kontaktwärmeübertragung in Fahrzeugsitzen auf die thermische Behaglichkeit, FAT Schriftreihe 261, Berlin, 2013.

[125]   Wenzel, A.; Stoll, D.: Entwicklung einer Methode zur numerischen Optimierung des Aufheizens und Abkühlens von Elektroautos (E-MoHeiz), Abschlussbericht zu KMU-Innovativ – Verbundvorhaben Klimaschutz, 2014.

[126]   Bouvy, C.; Jeck, P.; Gissing, J.; Lichius, T.; Baltzer, S.; Eckstein, L.: Die Batterie als thermischer Speicher: Auswirkungen auf die Innenraum-klimatisierung, die thermische Architektur und die Betriebsstrategie von Elektrofahrzeugen, Wärmemanagement des Kraftfahrzeugs VIII, 2012.

[127]   Nelder, J. A.; Mead, R.: A simplex method for function minimization, Computer Journal 7, pp. 308-313, 1965.

[128]   Franke, T.: Nachhaltige Mobilität mit begrenzten Ressourcen: Erleben und Verhalten im Umgang mit der Reichweite von Elektrofahrzeuge, Dissertation, TU Chemnitz, 2014.

Anhang

Fahrzeugdaten

Tabelle 10:   Technische Daten des simulierten Fahrzeugs

Antriebsleistung (max.)	70 kW
Batteriekapazität (nenn)	21 kWh
Höchstgeschwindigkeit (abgeregelt)	140 km/h
Masse (leer)	1200 kg
Nutzlast	450 kg
Stirnfläche	2 m²
Luftwiderstandsbeiwert	0,3
Rollwiderstandsbeiwert	0,01

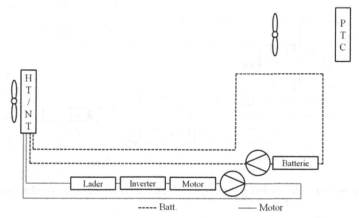

Abbildung 93:   Thermomanagementsystem des Fahrzeugs bei der Konfiguration ohne AC

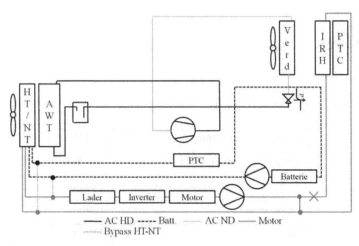

Abbildung 94: Thermomanagementsystem des Fahrzeugs bei der Konfiguration ohne Chiller

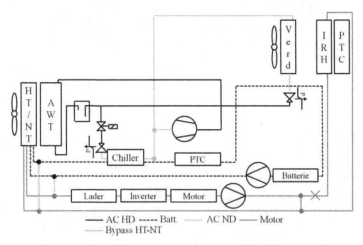

Abbildung 95: Thermomanagementsystem des Fahrzeugs bei der Konfiguration mit Chiller

Tabelle 11: Schnittstellenvariablen für Co-Simulation

Matlab/Simulink nach GT-Suite	GT-Suite nach Matlab/Simulink
Wärmestrom: Motor	Temperatur: Umgebung
Wärmestrom: Leistungselektronik	Temperatur: Batterie, Eintritt
Wärmestrom: Batterie	Temperatur: Batterie, Austritt
Wärmestrom: Onboardlader	Temperatur: Batterie, Mittelwert
Wärmestrom: Wasser-PTC	Temperatur: Fahrzeugkabine
Wärmestrom: Luft-PTC	Temperatur: Fahrzeugkabine, Eintritt
Drehzahl: Wasserpumpe Batteriekreis	Temperatur: Inverter
Drehzahl: Wasserpumpe Motorkreis	Temperatur: Motor
Drehzahl: Innenraumgebläse	Temperatur: Inverter, Austritt
Drehzahl: Lüfter	Temperatur: Verdichter, Austritt
Drehzahl: Kältemittelverdichter	Druck: Saugdruck AC
Fahrzeuggeschwindigkeit	Druck: Hochdruck AC
Absperrventil für Chiller	Leistung: Lüfter
Bypass: NT-Kühler	Leistung: Innenraumgebläse
Bypass: HT-Kühler	Leistung: Wasserpumpe Batteriekreis
Bypass: Flüssigkeitsgekühlter Kondensator	Leistung: Wasserpumpe Motorkreis
Regelventil: Innenraumheizer	Leistung: Kältemittelverdichter
	Relative Feuchte: Fahrzeugkabine

Tabelle 12: Technische Daten des FKFS Multikonfigurationsprüfstands [109]

Radmaschinen (4x)	P_{max}	250	kW
	n_{max}	3000	min^{-1}
Elektrischer Eintrieb	P_{max}	300	kW
	n_{max}	8000	min^{-1}
Energiespeichersimulator (HV)	P_{max}	±150	kW
	U	0...600	V
	I_{max}	±500	A
Energiespeichersimulator (NV)	P_{max}	±5	kW
	U	0...52	V
	I_{max}	±250	A
Temperaturprüfkammer	V	8	m³
	T	-30...60	°C

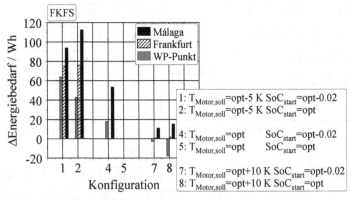

Abbildung 96: Bestätigung des gefundenen Optimums des prädiktiven Wärmemanagements in der $T_{Motor,soll}$-SoC_{start}-Ebene für den FKFS Zyklus

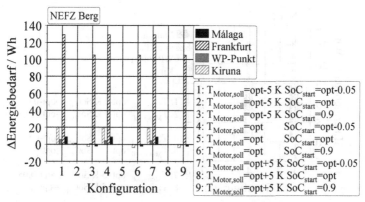

Abbildung 97: Bestätigung des gefundenen Optimums des prädiktiven Wärmemanagements in der $T_{Motor,soll}$-SoC_{start}-Ebene für den Zyklus „NEFZ Berg"

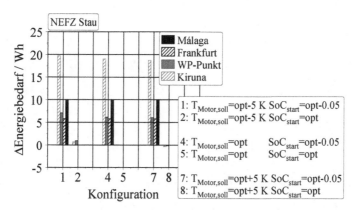

Abbildung 98: Bestätigung des gefundenen Optimums des prädiktiven Wärmemanagements in der $T_{Motor,soll}$-SoC_{start}-Ebene für den Zyklus „NEFZ Stau"

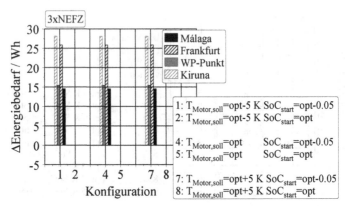

Abbildung 99: Bestätigung des gefundenen Optimums des prädiktiven Wärmemanagements in der $T_{\text{Motor,soll}}$-$\text{SoC}_{\text{start}}$-Ebene für eine dreifache Durchfahrt des NEFZ

Printed in the United States
By Bookmasters